**Hector Hernandez
Marie-V. Le Lann
Joseph Aguilar Martin**

Supervision et diagnotic des procédés de production d'eau potable

AF062408

Hector Hernandez
Marie-V. Le Lann
Joseph Aguilar Martin

Supervision et diagnotic des procédés de production d'eau potable

Apliqué sur la station de production d'eau potable SMAPA de la ville de Tuxtla Gutiérrez, de Chiapas, au Mexique

Presses Académiques Francophones

Impressum / Mentions légales
Bibliografische Information der Deutschen Nationalbibliothek: Die Deutsche Nationalbibliothek verzeichnet diese Publikation in der Deutschen Nationalbibliografie; detaillierte bibliografische Daten sind im Internet über http://dnb.d-nb.de abrufbar.
Alle in diesem Buch genannten Marken und Produktnamen unterliegen warenzeichen-, marken- oder patentrechtlichem Schutz bzw. sind Warenzeichen oder eingetragene Warenzeichen der jeweiligen Inhaber. Die Wiedergabe von Marken, Produktnamen, Gebrauchsnamen, Handelsnamen, Warenbezeichnungen u.s.w. in diesem Werk berechtigt auch ohne besondere Kennzeichnung nicht zu der Annahme, dass solche Namen im Sinne der Warenzeichen- und Markenschutzgesetzgebung als frei zu betrachten wären und daher von jedermann benutzt werden dürften.

Information bibliographique publiée par la Deutsche Nationalbibliothek: La Deutsche Nationalbibliothek inscrit cette publication à la Deutsche Nationalbibliografie; des données bibliographiques détaillées sont disponibles sur internet à l'adresse http://dnb.d-nb.de.
Toutes marques et noms de produits mentionnés dans ce livre demeurent sous la protection des marques, des marques déposées et des brevets, et sont des marques ou des marques déposées de leurs détenteurs respectifs. L'utilisation des marques, noms de produits, noms communs, noms commerciaux, descriptions de produits, etc, même sans qu'ils soient mentionnés de façon particulière dans ce livre ne signifie en aucune façon que ces noms peuvent être utilisés sans restriction à l'égard de la législation pour la protection des marques et des marques déposées et pourraient donc être utilisés par quiconque.

Coverbild / Photo de couverture: www.ingimage.com

Verlag / Editeur:
Presses Académiques Francophones
ist ein Imprint der / est une marque déposée de
OmniScriptum GmbH & Co. KG
Heinrich-Böcking-Str. 6-8, 66121 Saarbrücken, Deutschland / Allemagne
Email: info@presses-academiques.com

Herstellung: siehe letzte Seite /
Impression: voir la dernière page
ISBN: 978-3-8381-4739-0

Zugl. / Agréé par: Toulouse, INSA, le 27 septembre 2006

Copyright / Droit d'auteur © 2014 OmniScriptum GmbH & Co. KG
Alle Rechte vorbehalten. / Tous droits réservés. Saarbrücken 2014

Table des matières

Introduction générale 1

1 Processus de production de l'eau potable 5

   1.1   Introduction 5

   1.2   Chaîne élémentaire de production d'eau potable 6

      1.2.1   Prétraitement 7
      1.2.2   Préoxydation 8
      1.2.3   Clarification 9
      1.2.4   Oxydation-Désinfection 10
      1.2.5   Affinage 11

   1.3   Coagulation-Floculation 11

      1.3.1   Les particules mis en jeu 12
      1.3.2   But de la coagulation-floculation 13
      1.3.3   La coagulation 14
      1.3.4   La floculation 16
      1.3.5   La décantation-flottation 18

   1.4   La filtration 19

   1.5   Désinfection 20

      1.5.1   Le chlore (Chloration) 20
      1.5.2   Le dioxyde de chlore 21
      1.5.3   L'ozone 22
      1.5.4   Le rayonnement UV 22

   1.6   Conclusion 23

2 Supervision et diagnostic des procédés de production d'eau potable 25

2.1 Introduction 25
2.2 Définitions et concepts généraux 27
2.3 La supervision des procédés 29
2.4 Méthodes de diagnostic 30
2.4.1 Méthodes à base de modèles 31
2.4.2 Méthodes à partir de données historiques 33
2.5 Approche pour le diagnostic à base d'analyse des données 34
2.5.1 Diagnostic par reconnaissance de formes 35
2.5.2 Modélisation linéaire et sélection des mesures (l'ACP) 49
2.5.3 Les réseaux de neurones 51
2.6 Les automates à états finis 59
2.7 Evolution de la fonction maintenance 60
2.7.1 La maintenance corrective 61
2.7.2 La maintenance préventive 62
2.8 Conclusion 63

3 Instrumentation et developpement d'un capteur logiciel 65

3.1 Introduction 65
3.2 Mesure des paramètres spécifiques à la production d'eau potable 66
3.3 Automatismes dans une station de production d'eau potable 67
3.4 Développement du capteur logiciel pour la prédiction de la dose de coagulant 68
3.4.1 Méthode actuellement utilisée sur le procédé de coagulation 68
3.4.2 Modélisation du procédé de coagulation 69
3.4.3 Application de la méthodologie pour la prédiction de la dose de coagulant 70
3.5 Conclusion 79

4 Méthodologie générale pour la surveillance des procédés de production d'eau potable 81

4.1 Introduction 81
4.2 Description générale de la méthode pour la surveillance de la station SMAPA 82
4.2.1 Prétraitement des données en utilisant ABSALON (ABStraction Analysys ON-line) 82
4.2.2 Modèle de comportement du procédé 89
4.2.3 Diagnostic en ligne 91
4.2.4 Stratégie pour la validation des transitions 92
4.3 Conclusion 99

5 Application de la méthode à la station de production d'eau potable SMAPA 101

5.1	Introduction	101
5.2	La station de production d'eau potable SMAPA de Tuxtla	102
5.2.1	Description de la station	102
5.2.2	Aspects fonctionnels de la station	103
5.2.3	Description des données de la station	106
5.3	Stratégie d'analyse du procédé	107
5.3.1	Période des pluies	108
5.3.2	Période d'étiage	112
5.4	Conclusion	121

Conclusion et perspectives **123**

Bibliographie **127**

Annexe A. Réglementation sur l'eau potable **135**

Annexe B. Exemple d'application de la méthode *LAMDA* **139**

Annexe C. La procédure itérative *RMSE/ME* **145**

INTRODUCTION GENERALE

L'industrie de l'eau est sous une pression croissante pour produire une eau potable d'une plus grande qualité au plus faible coût. Ceci représente une économie en terme de coût mais aussi en terme de respect de l'environnement. L'objectif de ces travaux est le développement d'un outil de supervision/diagnostic d'une station de production d'eau potable dans son ensemble.

Avant de s'intéresser à la station dans son ensemble, il est apparu que l'unité de coagulation-floculation était une étape clé dans la production de l'eau potable. Elle permet d'éliminer les particules colloïdales qui sont des sources de contamination par la suite. Sa conduite, dans la plupart des installations reste encore manuelle et requiert des analyses de laboratoire longues et coûteuses. La dose de coagulant à injecter est la variable principale utilisée pour conduire une unité de coagulation. Actuellement, le dosage est le plus souvent déterminé par une analyse chimique effectuée en laboratoire appelée « Jar-test ». Cette technique d'analyse nécessite un prélèvement et un temps d'analyse relativement important et peut donc être difficilement intégrée dans un système de surveillance et de diagnostic en temps réel de l'unité. Un surdosage de coagulant amène à des surcoûts accrus de traitement, tandis qu'un sous-dosage conduit à un non-respect des spécifications en terme de qualité de l'eau produite en sortie de la station.

Devant le manque de modèle de connaissance simple permettant de décrire le comportement d'une unité de coagulation, le développement d'un capteur logiciel a demandé le recours à l'élaboration d'un modèle de comportement du système à partir des données caractéristiques de l'eau brute telles que la turbidité, le *pH*, la température, etc. La première partie de la thèse a donc consisté à développer un capteur logiciel basé sur un réseau de neurones permettant de prédire en ligne la dose de coagulant, sur la base des caractéristiques mesurées de l'eau brute.

La deuxième partie de la thèse qui présentera un aspect plus novateur réside dans l'utilisation de cette information dans une structure de diagnostic de l'ensemble de la station de traitement. A partir des mesures en ligne classiquement effectuées, un outil de supervision et de diagnostic de la station de production d'eau potable dans son ensemble a été développé.

Cet outil est basé sur l'application d'une technique de classification et sur l'interprétation des informations obtenues sur tout l'ensemble du procédé de production avec comme finalité l'identification des défaillances du processus surveillé tout en diminuant le nombre de fausses alarmes des différentes unités de la station de production d'eau potable. De plus, l'impact sur le rôle de la maintenance de cet outil est important dans le sens, que plutôt que d'attendre l'apparition d'une défaillance pour intervenir, il est préférable de suivre en permanence l'état de fonctionnement du procédé afin de détecter au plus tôt ses dérives. On est ainsi passé d'une maintenance curative à une maintenance prédictive pour laquelle la caractérisation de l'état de fonctionnement du procédé nécessite l'utilisation d'outils de modélisation, de surveillance et de diagnostic.

L'utilisation de techniques issues du domaine de l'intelligence artificielle apparaît comme la principale alternative pour aborder les problèmes connus comme difficilement modélisables par des méthodes analytiques et qui requièrent souvent l'intervention des experts du domaine ou le traitement d'information de nature qualitative.

Dans ce travail nous proposons l'utilisation de la méthode de classification floue *LAMDA* comme outil d'apprentissage automatique pour l'extraction de l'information de deux sources différentes : la connaissance experte et les enregistrements d'opérations antérieures.

L'innovation de ce travail réside principalement dans l'intégration de différentes techniques dans un système global permettant : la reconstruction des données, la prévision de la dose de coagulant et sa validation, et la structuration de la procédure de diagnostic de l'ensemble de la station de production d'eau potable prenant en compte le rôle de la maintenance.

Ces travaux de recherche ont été réalisés en collaboration avec la station de production d'eau potable SMAPA de la ville de Tuxtla Gutiérrez, de Chiapas, au Mexique.

Le mémoire de thèse est structuré en 5 chapitres suivis d'une conclusion générale.

Le premier chapitre rappelle les caractéristiques générales d'une usine de production d'eau potable, la plus complète et la plus courante, tout en détaillant plus spécifiquement le procédé sur lequel a porté plus spécifiquement notre étude. Dans cette section, nous parlerons tout spécialement du traitement des eaux de surface. Cette station comporte des traitements à large spectre d'action tels que prétraitement, oxydation, clarification, désinfection et affinage.

Le deuxième chapitre présente un schéma général de la supervision des procédés et des différentes méthodes de diagnostic classées suivant deux catégories : les méthodes à base de modèles et les méthodes à partir de l'analyse de données historiques. Comme notre méthodologie pour la supervision et le diagnostic des procédés de production d'eau potable est basée sur l'analyse de données historiques et de manière plus spécifique sur des résultats d'une classification, ce chapitre décrit, différentes approches pour le diagnostic à base de méthodes de classification. Nous présentons aussi de manière détaillée la méthodologie *LAMDA*, laquelle a été choisie comme technique de classification spécifique. Finalement, nous exposons l'évolution de la fonction maintenance qui a connu une forte mutation depuis qu'elle est considérée comme un des facteurs majeurs dans la maîtrise de l'outil de production et qui a désormais un rôle préventif dans le maintien de l'état de fonctionnement des systèmes de production.

Nous décrivons dans le chapitre trois, l'instrumentation de la station ainsi que le prétraitement des données. Nous y présentons le développement d'un « capteur logiciel » pour la détermination en ligne de la dose optimale de coagulant en fonction de différentes caractéristiques de la qualité de l'eau brute telles que la turbidité, le pH, la température, etc. Nous présentons la méthodologie utilisée pour la construction du capteur logiciel à base de réseaux de neurones. Nous décrivons le modèle proprement dit ainsi que la méthode utilisée pour l'apprentissage et la sélection de l'architecture optimale du réseau et en particulier le recours à l'ACP (analyse en composantes principales) pour la détermination des entrées de ce capteur. Nous proposons aussi une méthode, basée sur l'utilisation du ré-échantillonnage par bootstrap, pour la génération d'une mesure de l'incertitude sur la dose calculée.

Dans le chapitre 4, nous proposons la méthodologie générale pour la surveillance des procédés de production d'eau potable. Après avoir présenté brièvement un outil permettant le prétraitement des données par abstraction de signaux, nous abordons les différentes étapes à suivre pour l'élaboration d'un système de surveillance à partir de méthodes de classification. Ainsi, la première phase de cette méthode de surveillance consiste à réaliser un apprentissage pour identifier et caractériser les différents états de fonctionnement du processus de production d'eau à surveiller. La phase 2, consiste dans la validation des transitions des différents états du modèle. La troisième phase consiste à faire une reconnaissance en ligne des situations connues et à suivre une démarche précise dans le cas de détection de déviations de comportement ou de nécessité de maintenance.

Nous terminons ce mémoire avec un chapitre 5 dédié à la présentation des caractéristiques générales de la station SMAPA de production d'eau potable et des résultats obtenus lors de l'application de la méthodologie proposée dans le chapitre 4, à partir des descripteurs de l'eau brute. Nous appliquons la stratégie composée des quatre étapes différentes : le prétraitement des données, l'analyse du modèle comportemental, l'analyse avec des données en ligne, et la validation des transitions.

1 PROCESSUS DE PRODUCTION DE L'EAU POTABLE

1.1 Introduction

L'eau recouvre 70% de la superficie du globe, mais malheureusement 97 % de cette eau est salée et non potable et ne convient pas à l'irrigation. L'eau douce, elle, représente 3% de l'eau totale de notre planète. Dans ce faible pourcentage, les rivières et les lacs représentent 0,3%, alors que tout le reste est stocké dans les calottes polaires glacières.

Un des facteurs majeurs qui gouvernent le développement de sociétés humaines est la préoccupation d'obtenir et de maintenir une provision adéquate d'eau. Le fait de disposer d'une quantité d'eau suffisante a dominé les premières phases de développement. Cependant, les augmentations des populations ont poussé à puiser de façon intensive dans les sources en surface de bonne qualité mais qui sont en quantité limitée ou les ont contaminées ou ont laissé perdurer des gaspillages humains qui ont amené à détériorer la qualité de l'eau. La qualité de l'eau ne pourra plus être oubliée dans le processus de développement. La conséquence inévitable de l'augmentation de la population et du développement économique est le besoin de concevoir des installations de traitement de l'eau pour fournir une eau de qualité acceptable issue de sources en surface contaminées [MONTGOMERY,1985].

La production d'eau potable peut être définie comme la manipulation d'une source d'eau pour obtenir une qualité de l'eau qui satisfait à des buts spécifiés ou des normes érigées par la communauté au travers de ses agences régulatrices.

L'eau est le composé le plus abondant sur la surface du globe [EISEMBERG,1969]. Sans elle, la vie comme nous le savons cesserait d'exister. Pour l'ingénieur de l'eau, la microbiologie est importante pour ses effets sur la santé publique, sur la qualité de l'eau (propriétés physiques et chimiques), et sur la bonne marche de l'unité de traitement. Les micro-organismes flottants peuvent être responsables de problèmes de santé publique divers qui incluent des maladies bactériennes telles que le choléra et la gastro-entérite, des infections virales telles que l'hépatite, la dysenterie amibienne ou la diarrhée qui proviennent de protozoaires, et des parasites tels que le ténia ou l'ascaride.

La commande et la surveillance des installations de production d'eau potable deviennent de plus en plus importantes et ce quel que soit l'endroit dans le monde [LAMRINI et al.,2005]. Cependant, dans le cas des processus complexes, comme celui de production d'eau potable, il n'est pas toujours possible de dériver un modèle mathématique ou structurel approprié. Les techniques issues de l'intelligence artificielle peuvent être utilisées en raison de leur robustesse et de leur capacité à tenir compte de la nature dynamique et complexe du procédé. Ce type de technique est de plus en plus accepté dans l'industrie de production d'eau potable en tant qu'outil de modélisation et de contrôle des procédés.

1.2   Chaîne élémentaire de production d'eau potable

L'industrie de l'eau a une pression croissante pour produire une eau traitée de plus grande qualité à un coût plus faible. Les eaux à visée de potabilisation pour la consommation humaine sont de différentes natures. Les eaux souterraines constituent 22 % des réserves d'eau douce soit environ 1000 milliards de m^3 [CARDOT,1999]. Elles sont généralement d'excellente qualité physico-chimique et bactériologique. Néanmoins, les terrains traversés en influent fortement la minéralisation. Les eaux de surface se répartissent en eaux courantes ou stockées (stagnantes). Elles sont généralement riches en gaz dissous, en matières en suspension et organiques, ainsi qu'en plancton. Elles sont très sensibles à la pollution minérale et organique de type nitrate et pesticide d'origine agricole.

Dans cette section, nous parlerons plus spécialement de traitement des eaux de surface, mais il est certain que certaines eaux souterraines doivent également être traitées. Suivant les circonstances, ces deux types de traitement sont semblables ou différents, mais de toute façon ils présentent des points communs.

Le principal objectif d'une station de production d'eau potable est de fournir un produit qui satisfait à un ensemble de normes de qualité à un prix raisonnable pour le consommateur. L'annexe A en dresse les différents paramètres. L'efficacité du traitement adopté dépendra de la façon dont sera conduite l'exploitation de l'usine de traitement. Pour atteindre l'objectif souhaité, l'exploitant devra d'une part respecter certains principes élémentaires pour assurer le contrôle du processus de traitement et le contrôle de l'eau traitée, et d'autre part disposer d'un certain nombre de moyens techniques et humains [VALENTIN,2000].

Nous allons présenter, dans ce chapitre, les caractéristiques générales d'une usine de production d'eau potable, la plus complète et la plus courante, tout en détaillant plus spécifiquement le procédé sur lequel porte notre étude. La figure 1.1 représente une filière typique de potabilisation appliquée à une eau de surface. Elle comporte des traitements à large spectre d'action tels que prétraitement, oxydation, clarification, désinfection et affinage. Les étapes de déferrisation, démanganisation, dénitratation sont les principaux traitements spécifiques de l'eau souterraine.

La station de traitement concernée par cette étude est la station de production d'eau potable « SMAPA » de la ville de Tuxtla-Gutiérrez au Mexique. Elle fournit de l'eau à plus de 800 000 habitants et a une capacité nominale de traitement de 1000 l/s à partir de l'eau brute pompée dans les fleuves « Grijalva et Santo Domingo » [SMAPA,2005].

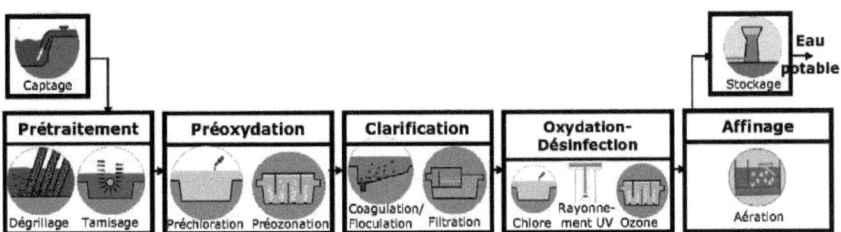

Figure 1. 1 Station de production d'eau potable

1.2.1 Prétraitement

Une eau, avant d'être traitée, doit être débarrassée de la plus grande quantité possible d'éléments dont la nature et la dimension constitueraient une gêne pour les traitements ultérieurs. Pour cela, on effectue des prétraitements de l'eau de surface [CIDF-LdesEaux,2000]. Dans le cas d'une eau potable, les prétraitements sont principalement de deux types :

> le dégrillage,
> le tamisage.

Le dégrillage, premier poste de traitement, permet de protéger les ouvrages avals de l'arrivée de gros objets susceptibles de provoquer des bouchages dans les différentes unités de traitement. Ceci permet également de séparer et d'évacuer facilement les matières volumineuses charriées par l'eau brute, qui pourraient nuire à l'efficacité des traitements suivants, ou en compliquer l'exécution. Le dégrillage est avant tout destiné à l'élimination de gros objets : morceaux de bois, etc. Le tamisage, quant à lui, permet d'éliminer des objets plus fins que ceux éliminés par le dégrillage. Il s'agit de feuilles ou de morceaux de plastique par exemple.

1.2.2 Préoxydation

L'oxydation est une opération essentielle à tout traitement des eaux. Elle est toujours incluse en fin de filière au niveau de la désinfection.

A l'issue du prétraitement, on a une eau relativement propre mais qui contient encore des particules colloïdales en suspension. Celles-ci n'ont en elles-mêmes rien de dangereux. Il nous arrive souvent de consommer de l'eau en contenant : le thé, le café, le vin ou le lait qui sont chargés en matières organiques, mais qui s'oxydent spontanément en présence d'air. On va les détruire dans la mesure du possible par une oxydation. Celle-ci peut être faite de trois façons différentes :

- ajout de Chlore (préchloration)
- ajoute de dioxyde de chlore
- ajoute d'ozone (préozonation)

La préchloration est effectuée avant le procédé de clarification. Le chlore est le plus réactif et le plus économique, mais il a comme inconvénient de former avec certains micropolluants des composés organochlorés du type chloroforme ou des composés complexes avec les phénols du type chlorophénol dont le goût et l'odeur sont désagréables [CIDF-LdesEaux,2000].

On préfère utiliser le dioxyde de chlore qui coûte plus cher mais qui n'a pas les inconvénients de l'oxydation par le chlore cités ci-dessus. Ce type de traitement est cependant réservé à des cas spécifiques. En effet, l'utilisation du dioxyde de chlore présente, lui aussi, des inconvénients non négligeables comme sa décomposition à la lumière, ce qui entraîne une augmentation du taux de traitement à appliquer en période d'ensoleillement. En conclusion, le dioxyde de chlore est un oxydant plus puissant que le chlore qui représente une alternative intéressante à l'utilisation du chlore lorsque celui-ci entraîne des problèmes de qualité d'eau.

Enfin, depuis quinze à vingt ans, on utilise comme oxydant l'ozone, qui non seulement a l'avantage de détruire les matières organiques en cassant les chaînes moléculaires existantes, mais également a une propriété virulicide très intéressante, propriété que n'a pas le chlore. Généralement utilisée en désinfection finale, cette technique peut être mise en œuvre en oxydation. Elle peut aussi être employée pour l'amélioration de la clarification. L'un des avantages d'une préozonation est l'oxydation des matières organiques, et une élimination plus importante de la couleur. Un autre avantage est la diminution du taux de traitement (taux de coagulant) dans le procédé de clarification. En somme, la préozonation est une solution de substitution à la préchloration. On évite ainsi les problèmes liés aux sous-produits de la chloration. Néanmoins, ce procédé ne résout pas tous les problèmes car certaines algues résistent à l'ozone. De plus, son coût reste beaucoup plus élevé que celui au chlore.

1.2.3 Clarification

La clarification est l'ensemble des opérations permettant d'éliminer les matières en suspension MES (minérales et organiques) d'une eau brute ainsi que des matières organiques dissoutes [DEGREMONT,2005]. Suivant les concentrations de l'un et de l'autre des différents polluants, on peut être amené à pratiquer des opérations de plus en plus complexes qui vont de la simple filtration avec ou sans réactif jusqu'à la coagulation – floculation – décantation ou flottation – filtration.

La clarification comprend les opérations suivantes :

> Coagulation

> Floculation

> Filtration

La coagulation est l'une des étapes les plus importantes dans le traitement des eaux de surface. 90% des usines de production d'eau potable sont concernées. La difficulté principale est de déterminer la quantité optimale de réactif à injecter en fonction des caractéristiques de l'eau brute.

Un mauvais contrôle de ce procédé peut entraîner une augmentation importante des coûts de fonctionnement et le non-respect des objectifs de qualité en sortie. Cette opération a également une grande influence sur les opérations de décantation et de filtration ultérieures. En revanche, un contrôle efficace peut réduire les coûts de main d'œuvre et de réactifs et améliorer la conformité de la qualité de l'eau traitée.

En résumé, le contrôle de cette opération est donc essentiel pour trois raisons : la maîtrise de la qualité de l'eau traitée en sortie (diminution de la turbidité), le contrôle du coagulant résiduel en sortie (réglementation de plus en plus stricte de la présence de coagulant résiduel dans l'eau traitée) et la diminution des contraintes et des coûts de fonctionnement (coûts des réactifs et des interventions humaines).

Dans les sections 1.3 et 1.4, nous nous focaliserons davantage sur l'aspect physico-chimique de la coagulation-floculation et la filtration, respectivement.

1.2.4 Oxydation-Désinfection

La désinfection est l'étape ultime du traitement de l'eau de consommation avant distribution. Elle permet d'éliminer tous les micro-organismes pathogènes présents dans l'eau [DEGREMONT,2005]. Il peut cependant subsister dans l'eau quelques germes banals, car la désinfection n'est pas une stérilisation.

Le principe de la désinfection est de mettre en contact un désinfectant à une certaine concentration pendant un certain temps avec une eau supposée contaminée. Cette définition fait apparaître trois notions importantes : les désinfectants, le temps de contact et la concentration résiduelle en désinfectant. Une bonne désinfection via les réactifs oxydants demande la combinaison d'une concentration C avec un temps de contact T ; c'est le facteur $C \cdot T$ (mg.min/L). Cette valeur varie avec les micro-organismes concernés, le type de désinfectant et la température.

Les quatre principaux désinfectants utilisés en production d'eau potable sont les suivants :

- ➤ Le chlore
- ➤ Le dioxyde de chlore
- ➤ L'ozone
- ➤ Le rayonnement UV

La concentration en oxydant est pratiquement le seul paramètre sur lequel l'opérateur peut intervenir. Il faut retenir que l'efficacité de la désinfection dépend, en partie, du suivi de la concentration en oxydant. L'évolution de la concentration en oxydant est liée à la demande en oxydant de l'eau. Cette demande dépend de la qualité de l'eau, du pH, des températures (différentes entre été et hiver), des matières organiques, et de la concentration en ammoniaque. Dans la section 1.5, nous nous focaliserons davantage sur l'aspect physico-chimique de la désinfection, et en particulière sur la chloration de l'eau.

1.2.5 Affinage

Le traitement final traite de la mise à l'équilibre calco-carbonique. L'eau suit un cycle naturel dans lequel les éléments chimiques qu'elle contient évoluent [DEGREMONT,2005]. L'eau de pluie contient naturellement du dioxyde de carbone (CO_2). Quand celle-ci traverse les couches d'humus, riches en acides, elle peut s'enrichir fortement en CO_2. Lors de sa pénétration dans un sol calcaire, c'est-à-dire riche en carbonate de calcium ($CaCO_3$), elle se charge en calcium CaO_2^+ et en ions bicarbonates HCO_3^-. En fait, le calcium est dissous par l'eau chargée en CO_2. On dit qu'elle est entartrante ou incrustante. En revanche, quand l'eau de pluie traverse une roche pauvre en calcium (région granitique), elle reste très chargée en CO_2 dissous. Cette eau est, en générale, acide. On dit qu'elle est agressive.

Il y a typiquement deux problèmes distincts : corriger une eau agressive et corriger une eau incrustante. La correction d'une eau agressive peut s'effectuer de plusieurs façons. Premièrement, on peut éliminer le CO_2 par aération. Du fait de l'élimination du CO_2, le pH augmente et se rapproche du pH d'équilibre. Deuxièmement, on peut ajouter une base à l'eau. L'ajout de base permet d'augmenter le pH et d'atteindre le pH d'équilibre. La correction d'une eau incrustante peut se faire soit par traitement direct soit en réduisant le potentiel d'entartrage par décarbonatation. Le traitement direct correspond à un ajout d'acide.

1.3 Coagulation-Floculation

Le mot coagulation vient du latin coagulare qui signifie « agglomérer » [MASSCHELEIN,1999]. La couleur et la turbidité d'une eau de surface sont dues à la présence de particules de très faible diamètre : les colloïdes. Leur élimination ne peut se baser sur la simple décantation. En effet, leur vitesse de sédimentation est extrêmement faible. Le temps nécessaire pour parcourir 1 m en chute libre peut être de plusieurs années.

La coagulation et la floculation sont les processus qui permettent l'élimination des colloïdes. La coagulation consiste à les déstabiliser. Il s'agit de neutraliser leurs charges électrostatiques de répulsion pour permettre leur rencontre. La floculation rend compte de leur agglomération en agrégats éliminés par décantation et/ou filtration [CARDOT,1999].

1.3.1 Les particules mis en jeu

Les matières existantes dans l'eau peuvent se présenter sous les trois états suivants :

> ➢ état de suspension qui regroupe les plus grosses particules
> ➢ état colloïdal
> ➢ état dissous de sels minéraux et de molécules organiques.

Cette classification résulte de la taille des particules. Les colloïdes présentent un diamètre compris entre 1 µm et 1 nm. Ils possèdent deux autres caractéristiques très importantes. Leur rapport surface/volume leur confère des propriétés d'adsorption des ions présents dans l'eau. Ce phénomène explique en partie l'existence de particules électriques à leur surface. Ces charges, souvent négatives, engendrent des forces de répulsion intercolloïdales.

L'origine des colloïdes est très diverse. On peut citer l'érosion des sols, la dissolution des substances minérales, la décomposition des matières organiques, le déversement des eaux résiduaires urbaines et industrielles ainsi que les déchets agricoles.

La figure 1.2 indique le temps de décantation de différentes particules en fonction de leur dimension.

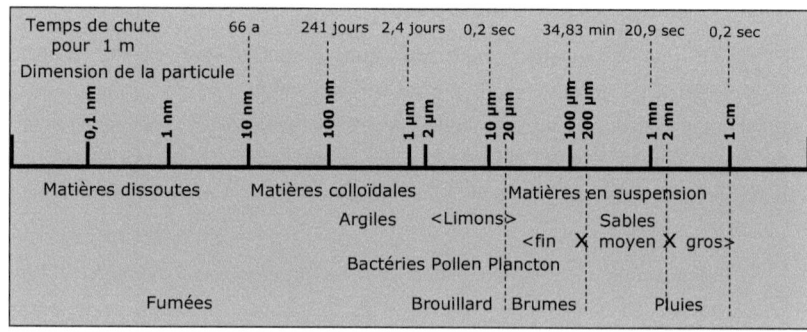

Figure 1. 2 Temps de décantation des particules

On observe qu'à densité égale, les particules plus petites ont une durée de chute plus longue. Cela conduit à l'impossibilité pratique d'utiliser la décantation seule pour éliminer le maximum de particules. Cette remarque est surtout valable pour les colloïdes, c'est-à-dire les particules dont la taille est comprise entre 10^{-6} m et 10^{-9} m.

La chute d'une particule dans l'eau est régie par la loi de Stokes :

$$V = \frac{g}{18 \cdot \eta} \cdot (\rho_s - \rho_l) \cdot d^2 \qquad (1.1)$$

avec :

    V : vitesse de décantation de la particule,

    g : accélération de la pesanteur,

    η : viscosité dynamique,

    ρ_s : masse volumique de la particule,

    ρ_l : masse volumique du liquide,

    d : diamètre de la particule

Il apparaît clairement que plus le diamètre et la masse volumique de la particule sont grands, plus la vitesse de chute est importante. Le but va être d'augmenter la taille et la masse volumique des particules pour que le temps de décantation devienne acceptable.

1.3.2 But de la coagulation-floculation

L'opération de coagulation-floculation a pour but la croissance des particules (qui sont essentiellement colloïdales) par déstabilisation des particules en suspension puis formation de flocs par absorption et agrégation [VALIRON,1989]. Les flocs ainsi formés seront décantés et filtrés par la suite (cf. Figure 1.3).

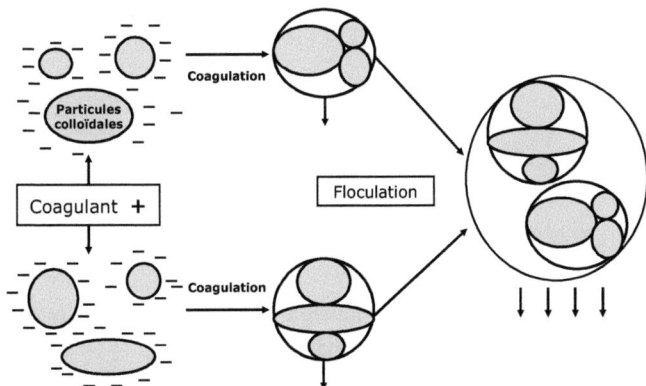

Figure 1. 3 Coagulation-Floculation

1.3.3 La coagulation

Les particules colloïdales en solution sont « naturellement » chargées négativement. Ainsi, elles tendent à se repousser mutuellement et restent en suspension. On dit qu'il y a stabilisation des particules dans la solution. La coagulation consiste dans la déstabilisation des particules en suspension par la neutralisation de leurs charges négatives. On utilise, pour ce faire, des réactifs chimiques nommés coagulants. Le procédé nécessite une agitation importante. Les coagulants sont des produits capables de neutraliser les charges des colloïdes présents dans l'eau. Le choix du coagulant pour le traitement de l'eau de consommation doit tenir compte de l'innocuité du produit, de son efficacité et de son coût. Le type de coagulant et la dose ont une influence sur :

- La bonne ou la mauvaise qualité de l'eau clarifiée,
- Le bon ou le mauvais fonctionnement de la floculation et de la filtration,
- Le coût d'exploitation.

Il existe deux principaux types de coagulant [LIND,1995]:

- Les sels de fer (chlorure ferrique) et
- Les sels d'aluminium (sulfate d'aluminium)

La mise en solution se déroule en deux étapes. Le cas du sulfate d'aluminium est très significatif [CARDOT,1999]. Les réactions peuvent être représentées de la façon suivante :

$$Al_2(SO_4)_3 \xrightarrow{\text{étape1}} Al_x(OH)_y(SO_4)_z \xrightarrow{\text{étape2}} Al(OH)_3 \qquad (1.2)$$

L'étape 1 est une phase d'hydrolyse. Des intermédiaires polychargés positifs se forment. Ces composés assez fugaces présentent un atome d'aluminium dont le nombre d'oxydation est très grand. Les formes Al IV, V et VII sont rencontrées. Conformément à la règle de SCHULZE-HARDY, ces intermédiaires polychargés positifs sont très efficaces pour neutraliser la charge primaire négative des colloïdes. Il s'agit de la véritable forme coagulante qui déstabilise les particules chargées négativement.

L'étape 1 dépend de la température et nécessite un *pH* compatible avec l'existence de ces intermédiaires polychargés. Le temps de formation de ces composés est de l'ordre de 0,5 s. L'étape 2 permet la formation du précipité $Al(OH)_3$. Elle dépend de l'agitation du milieu. Ce précipité est l'élément qui assure le pontage et la coalescence entre les colloïdes déstabilisés : c'est la forme floculante. Tout coagulant présente successivement les deux formes actives coagulante et floculante. Le maintien de cette dernière dépend du *pH* du milieu. Cette notion de *pH* permet de définir les zones optimales de coagulation-floculation.

Le choix du coagulant peut varier avec la température et la saison. Le sulfate d'aluminium, par exemple, est un coagulant utilisé pour une température d'eau supérieure à 10-12 °C. On peut rappeler également que plus un coagulant a de charges positives, plus son efficacité est grande. Par la suite, nous allons énumérer l'ensemble des paramètres influençant le bon fonctionnement du procédé de coagulation [LIND2,1994 ;LIND3,1994 ;CIDF-LdesEaux,2000].

a) L'influence du paramètre *pH*

Le *pH* a une influence primordiale sur la coagulation. Il est d'ailleurs important de remarquer que l'ajout d'un coagulant modifie souvent le *pH* de l'eau. Cette variation est à prendre en compte afin de ne pas sortir de la plage optimale de précipitation du coagulant. La plage du *pH* optimal est la plage à l'intérieur de laquelle la coagulation a lieu suffisamment rapidement. En effet, une coagulation réalisée à un *pH* non optimal peut entraîner une augmentation significative du temps de coagulation. En général, le temps de coagulation est compris entre 15 secondes et 3 minutes. Le *pH* a également une influence sur l'élimination des matières organiques.

b) L'influence de la dose de coagulant

La dose de réactif est un paramètre à prendre en compte. Le coagulant qui est habituellement fortement acide a tendance à abaisser le *pH* de l'eau. Pour se placer au pH optimal, il est possible d'ajouter un acide ou une base. Une dose de coagulant excessive entraîne une augmentation du coût d'exploitation, tandis qu'un dosage insuffisant conduit à une qualité de l'eau traitée insuffisante. La quantité de réactifs ne peut pas se déterminer facilement. Des théories ont été élaborées sur les charges électriques nécessaires pour déstabiliser les colloïdes et on a mesuré un potentiel, appelé potentiel Zeta, à partir duquel apparaît un floc.

La difficulté principale est de déterminer la quantité optimale de réactif à injecter en fonction des caractéristiques de l'eau brute. A l'heure actuelle, il n'existe pas de modèle de connaissance simple qui permet de déterminer le taux de coagulant en fonction des différentes variables affectant le procédé. La détermination du taux de coagulant est effectuée par analyse hors ligne au laboratoire tous les jours, à l'aide d'un essai expérimental appelé « Jar-test » (cf. Figure 1.4). Cet essai consiste à mettre des doses croissantes de coagulant dans des récipients contenant la même eau brute. Après quelques instants, on procède sur l'eau décantée à toutes les mesures utiles de qualité de l'eau. La dose optimale est donc déterminée en fonction de la qualité des différentes eaux comparées. L'inconvénient de cette méthode est de nécessiter l'intervention d'un opérateur. On voit ici tout l'intérêt de disposer à l'avenir d'un moyen automatique pour effecteur cette détermination.

Figure 1. 4 Essai « Jar-Test »

c) L'influence de la température

La température joue un rôle important. En effet, une température basse, entraînant une augmentation de la viscosité de l'eau, crée une série de difficultés dans le déroulement du processus : la coagulation et la décantation du floc sont ralenties et la plage du *pH* optimal diminue. Pour éviter ces difficultés, une solution consiste à changer de coagulant en fonction des saisons.

d) L'influence de la turbidité

La turbidité est, elle aussi, un paramètre influant sur le bon fonctionnement du procédé de coagulation. Dans une certaine plage de turbidité, l'augmentation de la concentration en particules doit être suivie d'une augmentation de la dose de coagulant. Quand la turbidité de l'eau est trop faible, on peut augmenter la concentration en particules par addition d'argiles. Dans le cas de fortes pluies, l'augmentation des *MES* favorise une meilleure décantation. Enfin, pour grossir et alourdir le floc, on ajoute un adjuvant de floculation.

1.3.4 La floculation

Après avoir été déstabilisées par le coagulant, les particules colloïdales s'agglomèrent lorsqu'elles entrent en contact. C'est la floculation. Le floc ainsi formé, peut décanter, flotter ou filtrer (coagulation sur filtre), suivant le procédé de rétention choisi.

L'expression de SMOLUCHOWSKY permet de comprendre ce phénomène [CARDOT,1999]. La formulation est la suivante :

$$Ln\frac{N}{N_0} = -\frac{4}{\pi}\alpha\Omega Gt \tag{1.3}$$

avec :

N et N_0 : nombre de particules colloïdales libres à l'instant t et t_0,

α : facteur de fréquence de collision efficace,

Ω : volume de particules par volume de suspension,

G : gradient de vitesse,

t : temps de contact.

Si le paramètre α est égal à 1, un choc interparticulaire donne une agglomération donc une floculation. L'élément Ω est constant, sauf intervention extérieure, car il n'y a ni création ni disparition de matière. Le gradient de vitesse G n'est qu'une valeur moyenne des vitesses spécifiques des particules dans la solution. La floculation est de qualité si le rapport $Ln(N/N_0)$ est petit. Dans ce cas, N est inférieur à N_0. Il y a donc moins de particules libres au temps t qu'au temps t_0. Toute augmentation des paramètres énoncés entraîne une diminution de ce rapport.

La stratégie pour obtenir une bonne floculation se résume en une augmentation des facteurs temps de contact t, du volume de particules Ω et du gradient de vitesse G.

La floculation est le phénomène de formation de flocs de taille plus importante (agglomération des colloïdes déchargés dans un réseau tridimensionnel). On utilise, pour ce faire, des coagulants ou adjuvants de floculation. Contrairement à l'étape de coagulation, la floculation nécessite une agitation lente.

Les floculants ou adjuvants de floculation sont, dans leur grande majorité, des polymères de poids moléculaire très élevé. Ils peuvent être de nature minérale, organique naturelle ou organique de synthèse. Comme pour la coagulation, il existe un certain nombre de paramètres à prendre en compte pour le bon fonctionnement de ce procédé. Le mélange doit être suffisamment lent afin d'assurer le contact entre les flocs engendrés par la coagulation. En effet, si l'intensité du mélange dépasse une certaine limite, les flocs risquent de se briser. Il faut également un temps de séjour minimal pour que la floculation ait lieu. La durée du mélange se situe entre 10 et 60 minutes.

Les temps d'injection du coagulant et du floculant sont en général espacés de 1 à 3 minutes, cette durée étant fonction de la température de l'eau.

Les boues formées pendant la coagulation-floculation aboutissent après décantation dans des concentrateurs. Des floculants de masse molaire importante permettent l'obtention de boue ayant une vitesse d'épaississement plus grande, et donc un volume de boues final réduit. Les boues purgées de décanteurs sont plus concentrées dans ce cas, ce qui conduit à une perte d'eau réduite. L'emploi de floculants de synthèse, combiné à des méthodes modernes de séparation, peut permettre la production des boues très concentrées, traitables directement par une unité de déshydratation. Dans les autres cas, on passe d'abord par un épaississement avant l'unité de déshydratation.

Une fois le floc formé, il faut le séparer de l'eau. C'est ce qu'on appelle la séparation solide-liquide. Elle peut s'effectuer par différents moyens :

- Coagulation sur filtre,
- Décantation,
- Flottation.

1.3.5 La décantation-flottation

Ces procédés sont des méthodes de séparation des matières en suspension et des colloïdes rassemblés en floc, après l'étape de coagulation-floculation. Si la densité de ces flocs est supérieure à celle de l'eau, il y a décantation. L'eau clarifiée située près de la surface est dirigée vers des filtres à sable. Dans le cas de particules de densité inférieure à celle de l'eau, le procédé de flottation doit être appliqué.

Dans la décantation, toute particule présente dans l'eau est soumise à deux forces. La force de pesanteur qui est l'élément moteur permet la chute de cette particule. Les forces de frottement dues à la traînée du fluide s'opposent à ce mouvement. La force résultante en est la différence [CARDOT,1999].

La flottation est un procédé de séparation liquide-solide basé sur la formation d'un ensemble appelé attelage, formé des particules à éliminer, des bulles d'air et des réactifs, plus léger que l'eau. Cette technique convient principalement pour éliminer les particules de diamètre compris entre 1 et 400 μm.

La flottation est supérieure à la décantation dans le cas de clarification d'eaux de surface peu chargées en MES, riches en plancton ou en algues et produisant un floc léger décantant mal. Elle est préconisée dans le traitement des boues. Ce procédé est très souple d'emploi. Il permet un épaississement simultané des boues directement déshydratables. L'efficacité de la flottation et de la décantation peut être évaluée par le pourcentage de boues retenues, la quantité de matières organiques éliminées et par la mesure de la turbidité.

1.4 La filtration

La filtration est un procédé destiné à clarifier un liquide qui contient des *MES* en le faisant passer à travers un milieu poreux constitué d'un matériau granulaire [CARDOT,1999]. En effet, il subsiste de très petites particules présentes à l'origine dans l'eau brute ou issues de la floculation. La rétention de ces particules se déroule à la surface des grains grâce à des forces physiques. La plus ou moins grande facilité de fixation dépend étroitement des conditions d'exploitation du filtre et du type de matériau utilisé. L'espace intergranulaire définit la capacité de rétention du filtre. Au fur et à mesure du passage de l'eau, cet espace se réduit, le filtre se colmate. Les pertes de charge augmentent fortement. Il faut alors déclencher le rétrolavage. La filtration permet une élimination correcte des bactéries, de la couleur et de la turbidité.

Tout filtre est composé de trois parties. On retrouve le fond, le gravier support et le matériau filtrant. Le premier élément doit être solide pour supporter le poids de l'eau, du sable et du gravier. Il doit permettre la collecte et l'évacuation de l'eau filtrée, le plus souvent par des buselures incorporés, et la répartition uniforme de l'eau de lavage. Le gravier a pour rôle de retenir le sable et d'améliorer la distribution de l'eau de lavage dans le filtre.

Le lavage des filtres est réalisé en inversant le sens d'écoulement de l'eau. C'est pourquoi cette opération est souvent appelée : rétrolavage. Le sable est mis en expansion et les impuretés, moins denses que les grains de sable, sont décollées par les phénomènes de frottement intergranulaires. La vitesse de l'eau de lavage à contre-courant est limitée du fait des pertes possibles de matériau. On injecte donc de l'air pour augmenter les turbulences afin de décoller efficacement les particules de flocs fixées sur les grains.

Durant la filtration, le filtre s'encrasse et, par conséquent, la perte de charge augmente. Il faut veiller à ne pas dépasser la perte de charge maximale admissible déterminée lors de sa conception. Pour conserver un encrassement acceptable du filtre, il faut augmenter la « hauteur de couche » de celui-ci. Le temps pendant lequel on maintient un filtrant clair (eau filtrée) est proportionnel à cette « hauteur de couche ».

La graphique de la figure 1.5 représente, de manière schématique, l'évolution de la turbidité de l'eau filtrée en fonction de temps. La première phase est la maturation du filtre (a), suivie de la période de fonctionnement normal (b). Lorsque la turbidité de l'eau filtrée augmente, cela correspond à un début de crevaison de la masse filtrante (c) et l'on atteint alors rapidement la limite de turbidité acceptable (d) à ne pas dépasser.

1.5 Désinfection

La désinfection est un traitement visant à éliminer les micro-organismes pathogènes, bactéries, virus et parasites ainsi que la majorité des germes banals moins résistants. C'est le moyen de fournir une eau bactériologiquement potable, tout en y maintenant un pouvoir désinfectant suffisamment élevé pour éviter les reviviscences bactériennes dans le réseaux de distribution. L'eau potable, suivant les normes, contient toujours quelques germes banals, alors qu'une eau stérile n'en contient aucun.

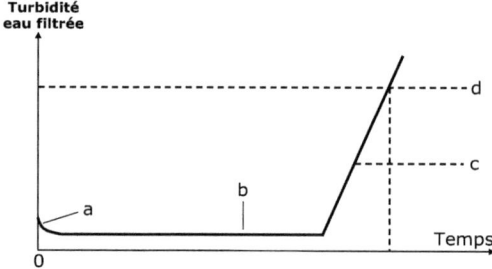

Figure 1. 5 Evolution de la turbidité de l'eau filtrée d'un filtre

La désinfection est une post-oxydation. En eau potable, elle est assurée par des oxydants chimiques tels que le chlore, le dioxyde de chlore ClO_2, l'ozone O_3 et dans un certain nombre de cas, par un procédé chimique comme le rayonnement *UV*. Le principe de la désinfection est de mettre en contact un désinfectant à une certaine concentration pendant un certain temps avec une eau supposée contaminée. Cette définition fait apparaître trois notions importantes : les désinfectants; le temps de contact et la concentration en désinfectant.

1.5.1 Le chlore (Chloration)

On entend par chloration l'emploi du chlore ou des hypochlorites à des fins de désinfection et d'oxydation. Historiquement c'est l'un des premiers procédés auxquels on a fait appel, au début du siècle, lorsqu'il devint évident qu'il fallait insérer la désinfection dans la chaîne des traitements nécessaires à la préparation d'une eau salubre. La chloration demeure le procédé de désinfection préféré à cause de sa relative simplicité, de son coût modique et de son efficacité.

Le chlore est un gaz jaune-vert. C'est le plus connu et le plus universel, mais il nécessite pour des raisons de sécurité, le respect rigoureux de conditions particulières d'emploi [DEGREMONT,2005]. En dehors de son utilisation en prétraitement, il est employé en désinfection finale. Son introduction dans l'eau conduit à sa disparition suivant la réaction :

$$Cl_2 + 2H_2O \rightleftharpoons HClO + Cl^- + H_3O^+ \tag{1.4}$$

HClO est l'acide hypochloreux. Cet acide est faible et se dissocie suivant l'équilibre :

$$HClO + H_2O \rightleftharpoons {}^-OCl + H_3O^+ \tag{1.5}$$

OCl est l'ion hypochlorite. L'acide hypochloreux a un effet bactéricide plus important que l'ion hypochlorite. Les deux formes cohabitent en solution suivant les valeurs du pH de l'eau. Plus le pH est élevé, moins il y a d'acide hypochloreux pour une dose donnée de chlore.

Pour la distribution et le dosage du chlore, il faut se reporter à la législation en vigueur. A partir des récipients de stockage, la distribution de chlore vers l'organe de dosage (chloromètre) peut être réalisée :

- Soit sous forme gazeuse, pour les faibles débits ;

- Soit sous forme liquide pour les débits importants.

A la sortie du chloromètre, le chlore est véhiculé gazeux sous dépression jusqu'à l'hydroéjecteur où il est dissout dans l'eau motrice.

1.5.2 Le dioxyde de chlore

Le dioxyde de chlore est un gaz orange de formule ClO_2 deux fois et demie plus dense que l'air. Il est toxique et devient explosif si sa concentration dépasse les 10%. Il est très soluble dans l'eau. La réaction de sa mise en solution dans l'eau s'écrit :

$$2ClO_2 + H_2O \rightleftharpoons HClO_2 + HClO_3 \tag{1.6}$$

En milieu basique, ClO_2 se dismute en donnant un chlorite ClO_2^- et un chlorate ClO_3^- :

$$2ClO_2 + 2OH^- \xrightleftharpoons{} ClO_2^- + ClO_3^- + H_2O \qquad (1.7)$$

Ces composés sont problématiques. Ils ont été reconnus comme potentiellement cancérigènes. Ils peuvent apparaître lors de la préparation du dioxyde de chlore en cas de mauvais dosage, mais également lors de l'utilisation de l'oxydant pour la désinfection par réaction sur les matières organiques.

1.5.3 L'ozone

L'ozone a été découvert en 1840 [CARDOT,1999]. L'ozone est un gaz extrêmement instable et un oxydant très puissant. Il est fabriqué sur place à partir d'oxygène au travers d'un champ électrique créé par une différence de potentiel entre deux électrodes de 10 à 20 kV.

La synthèse de l'ozone se fait selon la réaction :

$$3O_2 \xrightleftharpoons{} 2O_3 \qquad (1.8)$$

L'oxygène provient soit d'air sec, soit d'oxygène pur du commerce. L'ozone est l'oxydant le plus efficace sur le virus, le fer et le manganèse. Il ne donne pas de goût à l'eau, contrairement au chlore, et oxyde fortement les matières organiques. Pour obtenir un effet désinfectant, le temps de contact doit être suffisamment long, d'où la nécessité d'ouvrages adaptés (tour d'ozonation).

1.5.4 Le rayonnement UV

La découverte des effets bactéricides des radiations solaires date de 1878 [CARDOT,1999]. La production d'*UV* est réalisée par des lampes contenant un gaz inerte et des vapeurs de mercure. Le passage d'un courant électrique provoque l'excitation des atomes de mercure qui émettent en retour des rayons de longueur d'onde comprise entre 240 et 270 nm.

L'irradiation par une dose suffisante de rayonnement UV permet la destruction des bactéries, virus, germes, levures, champignons, algues, etc. Les rayonnements UV ont la propriété d'agir directement sur les chaînes d'ADN des cellules et d'interrompe le processus de vie et de reproduction des micro-organismes. Comme pour l'ozone, elle n'est pas caractérisée par un effet rémanent.

1.6 Conclusion

Ce premier chapitre a servi d'introduction au domaine lié à notre étude. Nous avons décrit les différentes étapes d'une chaîne de traitement d'eau potable en nous basant sur la chaîne la plus complète possible et la plus courante. Nous avons détaillé, plus particulièrement, les procédés de coagulation et de filtration, sur lesquels porte spécifiquement notre étude. Nous avons décrit les différents paramètres physicochimiques influençant le bon fonctionnement du procédé de coagulation.

Le chapitre suivant est consacré aux aspects fondamentaux de la supervision, des méthodes de diagnostic et l'évolution de la fonction maintenance d'une station de production d'eau potable. Nous verrons en détail les différentes techniques existant pour le contrôle automatique des différents procédés.

2 SUPERVISION ET DIAGNOSTIC DES PROCEDES DE PRODUCTION D'EAU POTABLE

2.1 Introduction

En raison de la complexité des phénomènes biologiques, physiques et chimiques mis en jeu dans les procédés impliqués dans les unités de production de l'eau potable, il est souvent très difficile de quantifier les interactions et les relations qui existent entre les entrées et les sorties des procédés. Les modèles des procédés, lorsqu'ils existent, sont souvent spécifiques à un site et sont incapables de traiter simultanément des variations continues sur plus d'une ou deux variables clés du procédé. Différents travaux de recherche ont été réalisés, la plupart concerne des études d'optimisation, de commande et d'estimation des paramètres [VILLA et al., 2003 ; DEMOTIER et al., 2003]. Ils sont basés, explicitement ou implicitement sur un modèle mathématique qui est exprimé généralement sous la forme d'équations différentielles ou aux différences. De tels travaux montrent alors l'intérêt et les avantages de l'utilisation d'algorithmes d'estimation et de commande basés sur des modèles analytiques.

Les procédés de production d'eau potable ont un fonctionnement complexe qui ne peut pas être mesuré, modélisé et interprété que d'une façon partielle à cause du fait de la complexité des phénomènes mis en jeu mais aussi par leur nature non-stationnaire et aléatoire : ils peuvent donc avoir des fonctionnements différents d'une expérience à l'autre, pour les mêmes conditions expérimentales. L'utilisation de techniques issues du domaine de l'intelligence artificielle apparaît, comme la principale alternative pour aborder ces problèmes lorsqu'il est nécessaire de prendre en compte l'intervention des experts du domaine ou de traiter de l'information de nature qualitative. A ce titre, un certain nombre de travaux sur la méthodologie de modélisation par réseaux de neurones artificiels des procédés impliqués dans la production de l'eau potable ont été effectués [FLETCHER et al., 2001 ; BAXTER et al., 2002 ; PEIJIN et COX,2004]. Des études récentes ont été réalisées [LAMRINI et al., 2005] sur la supervision des procédés impliqués dans la production de l'eau potable en utilisant une méthode de classification floue, méthode que nous présenterons ultérieurement.

Généralement, un niveau supérieur comme la supervision, est superposé à la boucle de commande afin d'assurer des conditions d'opération pour lesquelles les algorithmes d'estimation et commande sont efficaces. Parmi les tâches spécifiques de la supervision se trouvent la détection des défaillances, le diagnostic, le changement des consignes et la reconfiguration de la loi de commande. Ces tâches sont réalisées typiquement par des opérateurs humains qui prennent des décisions après avoir évalué la situation du procédé à partir des variables observées, en utilisant leur connaissance d'expert, leur habilité naturelle pour résoudre des situations complexes et probablement aussi quelques règles heuristiques.

Quelle que soit la branche de l'industrie concernée, les procédés industriels sont de nos jours couplés à un ou plusieurs calculateurs numériques qui ne se contentent pas de faire l'acquisition des données mais qui sont chargés de la mise en œuvre de l'automatisation. Diverses architectures sont possibles, la plus classique consiste en une hiérarchie entre des boucles de régulation locales et une supervision globale qui fixe les consignes des boucles locales. Automatiser peut avoir des objectifs diverses, les plus fréquent sont d'augmenter les performances du système de production, de garantir la qualité du produit, de diminuer les coûts de production et d'améliorer la sécurité de l'installation industrielle et de son environnement [BOILLEREAUX et FLAUS,2003].

Le diagnostic de systèmes technologiques a suscité et continue de susciter un grand intérêt de la part du monde industriel : savoir détecter un mode de fonctionnement anormal suffisamment tôt peut permettre de produire une commande susceptible de revenir à un mode de fonctionnement plus adapté à la mission pour laquelle ce système a été conçu. Le diagnostic automatique est donc maintenant un élément essentiel d'un système de production ou d'un système conçu pour être utilisé par un tiers [DUBUISSON,2001].

Dans la première partie de ce chapitre, nous introduisons quelques définitions utiles dans le domaine de la supervision et du diagnostic, puis nous donnons quelques aspects fondamentaux de la supervision de procédés et des méthodes de diagnostic. Ensuite, nous présentons une approche pour la surveillance à base de méthodes de classification. Finalement, nous décrivons l'évolution de la fonction maintenance qui a connu une forte mutation depuis qu'elle est considérée comme un des facteurs majeurs dans la maîtrise de l'outil de production et qui a désormais un rôle préventif dans le maintien de l'état de fonctionnement des systèmes de production.

2.2   Définitions et concepts généraux

La difficulté majeure rencontrée lors de la description des concepts et de la terminologie utilisée dans le monde des systèmes industriels provient du fait que l'on peut aborder le diagnostic de différentes manières selon l'origine et la formation des intervenants. De plus, les différences sont très subtiles et subjectives [ZWINGELSTEIN,1995].

- ➢ **Fonctionnement normal d'un système**. Un système est dit dans un état de fonctionnement normal lorsque les variables le caractérisant (variables d'état, variables de sortie, variables d'entrée, paramètres du système) demeurent au voisinage de leurs valeurs nominales. Le système est dit défaillant dans le cas contraire.
- ➢ Une **défaillance** est la cause d'une anomalie.
- ➢ Une **dégradation** d'un procédé caractérise le processus qui amène à un état défaillant du procédé.
- ➢ Un **défaut** se définit comme une anomalie du comportement d'un système sans forcément remettre en cause sa fonction.
- ➢ Une **panne** caractérise l'inaptitude d'un dispositif à accomplir une fonction requise. Un système est toutefois généralement considéré en panne dès l'apparition d'une défaillance.
- ➢ Un **symptôme** est l'événement ou l'ensemble de données au travers duquel le système de détection identifie le passage du procédé dans un fonctionnement anormal. C'est le seul élément dont a connaissance le système de surveillance au moment de la détection d'une anomalie.

La distinction entre ces définitions est établie en considérant les aspects comportementaux et fonctionnels [PLOIX,1998]. Ainsi, un défaut (comportement) n'entraîne pas forcément une défaillance (fonctionnelle), c'est-à-dire une impossibilité pour le procédé d'accomplir sa tâche. Le défaut n'induit pas nécessairement une défaillance mais il en est la cause, et c'est donc bien la caractérisation de ces défauts qui nous intéresse ici afin de prévenir toute défaillance. Ainsi, une panne résulte toujours d'une ou de plusieurs défaillances qui elles-mêmes résultent d'un ou de plusieurs défauts. Enfin, on utilise aussi le terme plus générique d'**anomalie** pour évoquer une particularité non-conforme à une référence comportementale ou fonctionnelle. Les défauts, défaillances et pannes sont des anomalies.

On conçoit aisément les progrès apportés à l'industrie par des méthodes automatiques de surveillance, de diagnostic et de supervision. Il est clair aussi que pour s'attaquer à ce problème, il faut des connaissances approfondies sur l'installation : connaissances de son comportement normal, mais aussi de son comportement anormal. Souvent, un défaut est modélisé avec les mêmes outils que ceux utilisés pour présenter le procédé en état normal. Il est bien clair aussi que si l'on a une bonne connaissance des anomalies possibles, il faut l'utiliser pour améliorer la surveillance et le diagnostic.

Les outils classiques de supervision doivent être complétés par des outils de surveillance, de diagnostic et d'aide à la décision qui s'intègrent à la supervision [TRAVE-MASSUYES et al.,1997](figure 2.1). La **supervision** consiste à gérer et à surveiller l'exécution d'une opération ou d'un travail accompli par l'homme ou une machine, puis à proposer des actions correctives si besoin est. La **surveillance** est une opération de recueil en continu des signaux et commandes d'un procédé afin de reconstituer l'état de fonctionnement réel. Ainsi, la surveillance utilise les données provenant du système pour représenter l'état de fonctionnement puis en détecter les évolutions. Le **diagnostic** identifie la cause de ces évolutions, puis le module d'aide à la décision propose des actions correctives.

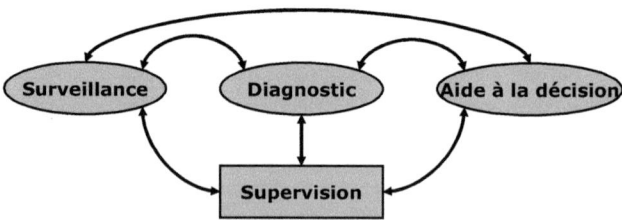

Figure 2. 1 Introduction d'outils de surveillance, de diagnostic et d'aide à la décision au niveau de la supervision

L'impératif de sûreté de fonctionnement, lié aux enjeux économiques en cas d'incidents ou de pannes, impose une maîtrise importante de ces techniques de surveillance et de diagnostic. En effet, en raison de la complexité des systèmes industriels, du principe de disponibilité maximale et de compétitivité des entreprises, la surveillance, le diagnostic et l'aide à la décision sont devenus des techniques très importantes et s'insèrent dans toute la chaîne de production d'un produit, de la conception à la maintenance.

2.3 La supervision des procédés

La supervision continue des procédés industriels est nécessaire pour assurer des conditions d'opération pour lesquelles les algorithmes de commande sont efficaces.

Lorsque la fonction de surveillance est réalisée par un opérateur humain, viennent s'ajouter au problème du choix des méthodes et architecture de cette fonction, des concepts liés à l'ergonomie des systèmes développés [MILLOT,1988]. Il est apparu entre autre, que les défauts les plus difficiles à détecter sont les défauts qui s'installent lentement, sous forme de dérive, car on peut mettre un certain temps à voir leurs effets apparaître clairement.

Les alarmes sont des symptômes de comportement anormal souvent utilisées pour faciliter la surveillance et la supervision. Dans un système traditionnel, il s'agit de surveiller simplement que les variables restent à l'intérieur d'un domaine de valeurs caractéristiques du fonctionnement normal.

Les méthodes avancées de surveillance et de diagnostic de défauts sont nécessaires, pour répondre aux exigences comme l'anticipation de la détection de défauts avec variations brutales du comportement, le diagnostic de fautes d'actionneurs, de comportement du procédé et du capteur, la détection de défauts dans les boucles fermées et la supervision de procédés lors d'états transitoires. L'objectif de l'anticipation de la détection de défauts et du diagnostic est d'avoir assez de temps pour traiter des actions, comme la reconfiguration du processus ou la maintenance.

Plusieurs schémas généraux de supervision appliqués à différents domaines ont été proposés [AGUILAR-MARTIN, 1996 ; DOJAT et al., 1998]. Toutefois, d'un point de vue général, les architectures présentées sont similaires et, globalement, peuvent être décrites par le schéma présenté sur la figure 2.2. Ce schéma inclut les fonctions principales suivantes : la détection des défaillances, le diagnostic, la reconfiguration du processus et la maintenance [ISERMAN,1997 ; COLOMER et al.,2000].

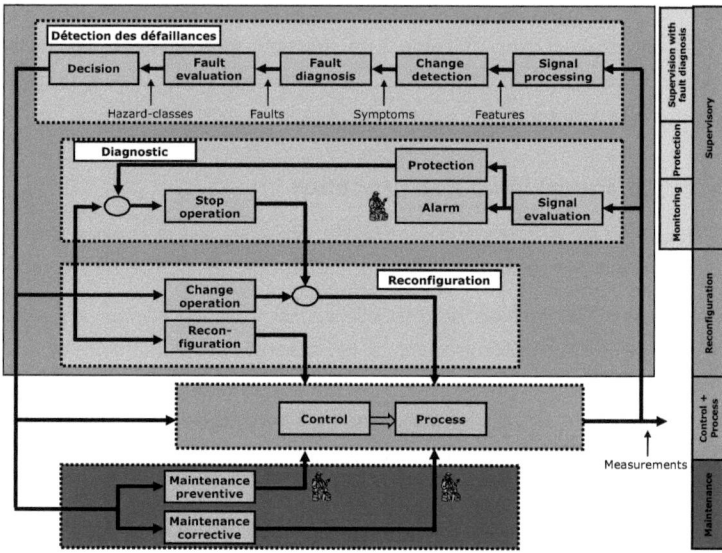

Figure 2. 2 Schéma général de la supervision

2.4 Méthodes de diagnostic

Les nouvelles technologies ont grandement augmenté la complexité des systèmes conçus par l'homme. De nos jours des systèmes technologiques complexes sont embarqués, c'est-à-dire qu'ils contiennent des éléments matériels et logiciels fortement couplés. Le maintien de la sécurité, et d'un fonctionnement ininterrompu de ces systèmes est devenu un enjeu important. Le but du diagnostic est d'identifier les premières causes (fautes) d'un ensemble de symptômes observés (déviations par rapport à un fonctionnement normal) qui indiquent une dégradation ou une panne de certains composants du système conduisant à un comportement anormal du système. Une revue de ces différentes méthodes est donnée dans [DASH, 2000]. Un certain nombre de méthodes existent, parmi lesquelles il est parfois difficile de déterminer laquelle faut-il mieux utiliser [BISWAS, 2004]. Les méthodes de diagnostic diffèrent non seulement par la façon avec laquelle la connaissance sur le processus est utilisée mais aussi sur la nature de la connaissance requise. Une classification des ces méthodes reposant sur la nature de la connaissance requise est donnée sur la Figure 2.3. De manière générale, les méthodes sont séparées en deux catégories suivant qu'elles nécessitent explicitement un modèle du procédé ou qu'elles sont basées sur la possession d'historiques de fonctionnement du procédé. La première catégorie repose sur une connaissance en profondeur du système incluant les relations causales entre les différents éléments tandis que la deuxième sur de la connaissance glanée à partir d'expériences passées (on parlera aussi de connaissance superficielle, apparente basée sur l'histoire du processus). Une comparaison détaillée des différentes méthodes peut être trouvée dans [HIMMELBLAU, 1978; MYLARASWAMY, 1996; VENKATASUBRAMANIAN et al.,1995; KEMPOWSKY,2004a]. Nous ne décrivons ci-dessous que les principales caractéristiques de ces deux familles : les méthodes à base de modèles et celles à base d'historiques du procédé.

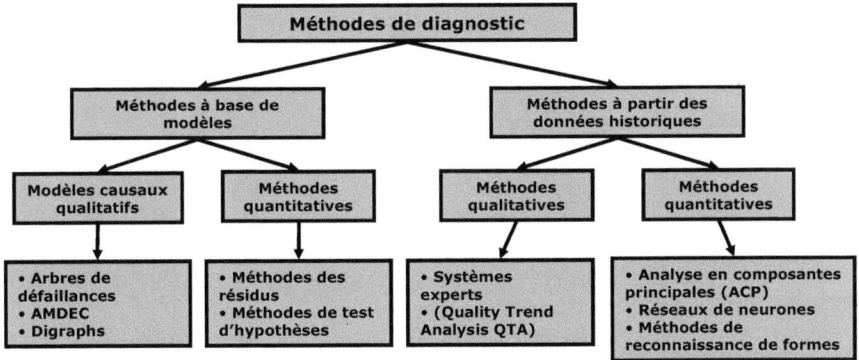

Figure 2. 3 Classification des méthodes de diagnostic [DASH, 2000]

2.4.1 Méthodes à base de modèles

La source de la connaissance dans le cas de ces méthodes est la compréhension approfondie du procédé grâce à l'utilisation des principes fondamentaux de la physique. Ceci se traduit par un ensemble de relations qui décrivent les interactions entre les différentes variables du processus. Ces ensembles de relations peuvent être encore divisés en modèles causaux qualitatifs et en modèles quantitatifs ou méthodes quantitatives.

2.4.1.1   Modèles causaux qualitatifs

La stratégie employée ici est l'établissement de relation de cause à effet pour décrire le fonctionnement du système. Parmi les méthodes les plus populaires, citons les arbres de fautes et les digraphes. Les arbres de faute [LAPP and POWERS, 1977] utilisent le chaînage arrière ou simulation arrière jusqu'à trouver un événement primaire qui serait une des possibles causes de la déviation de comportement du procédé observée. Les digraphes signés sont une autre représentation d'une information causale [IRI et al.,1979] dans laquelle les variables du processus sont représentées par des nœuds de graphes et les relations causales par des arcs.

Une limitation importante de ces méthodes réside dans la génération d'un grand nombre d'hypothèses pouvant conduire à une résolution erronée du problème ou à une solution très incertaine. Ceci est dû en partie aux ambiguïtés de nature qualitative qui y sont manipulées.

2.4.1.2 Les méthodes quantitatives

Elles reposent sur les relations mathématiques qui existent entre les variables. Un modèle essaie d'exprimer ces relations sous une forme compacte. Les modèles sont développés en utilisant les lois fondamentales de la physique (bilan de masse, d'énergie, de quantité de mouvement, ...) ou des relations de type entrée-sortie. Ils peuvent être dynamiques, statiques, linéaires ou non-linéaires. En général, ces méthodes utilisent la structure générique suivante :

$$\frac{dx}{dt} = Ax + Bu + Ed + Ef$$
$$y = Cx + Du$$
(2.1)

avec :

les états (x), les entrées (u), les sorties (y), les perturbations (d) et les fautes (f).

Les méthodes quantitatives les plus connues sont les méthodes dites des résidus et de tests d'hypothèses. Les premières incluent généralement deux grandes étapes : la génération de résidus et le processus permettant d'identifier la cause. Lorsque qu'il y a faute, les équations de redondance ne sont plus vérifiées et un résidu $r \neq 0$ se produit. De manière simplifiée, r représente la différence entre différentes fonctions des sorties et les valeurs de ces fonctions sous des conditions normales (en absence de faute). La procédure pour générer les résidus peut aller de la redondance matérielle à l'utilisation de méthodes complexes d'estimation des états et des paramètres du modèle. Les méthodes d'estimation d'état nécessitant la reconstruction des sorties (y) du système, grâce par exemple à un filtre de Kalman, couvrent à la fois les approches de type espace–parité et les observateurs. Les méthodes d'estimation de paramètres font l'hypothèse que les fautes survenant dans un système dynamique se manifestent par un changement des paramètres de ce système.

La seconde étape est le processus de décision : les résidus générés sont examinés en tant que signatures de faute. Les fonctions de décision sont des fonctions de ces résidus auxquelles ont été adjointes des règles de décision logiques.

Les méthodes dites de tests d'hypothèses attribuent les résidus à une violation de certaines hypothèses liées au comportement normal du système. C'est le principe de "Diagnostic model processor (DMP) » [PETTI et al., 1990].

2.4.2 Méthodes à partir de données historiques

Par rapport aux méthodes à base de modèles où la connaissance a priori (quantitative ou qualitative) sur le processus est requise, dans les méthodes à partir de données historiques, une large quantité de données enregistrées sur le fonctionnement du système (normal et au cours de défaillances) est nécessaire. L'extraction de l'information peut être de nature quantitative ou qualitative. Deux des plus importantes méthodes d'extraction qualitative d'information d'historique sont les systèmes experts [ZWINGELSTEIN, 1995] et les méthodes de modélisation de tendance [VEDAM et al., 1995]. Les méthodes d'extraction d'information quantitative peuvent être amplement classées en non statistiques et statistiques. Les réseaux de neurones représentent une classe importante des classificateurs non statistiques [KAVURI et VENKATASUBRAMANIAN, 1994 ; LEONARD et KRAMER,1990]. L'analyse en composantes principales (ACP) et les méthodes de classification ou de reconnaissance de formes constituent une composante majeure des méthodes d'extraction des caractéristiques statistiques [NONG et McAVOY, 1996].

2.4.2.1   Méthodes qualitatives

Les applications à l'aide de **systèmes experts** réalisées avec le plus de succès ont été celles basées sur des systèmes basées sur de règles pour la sélection structurée ou la perspective de classification heuristique du diagnostic. Un système expert est un système informatique destiné à résoudre un problème précis à partir d'une analyse et d'une représentation des connaissances et du raisonnement d'un (ou plusieurs) spécialiste(s) de ce problème. Ils sont composés de deux parties indépendantes : (a) une base de connaissances (base de règles) qui modélise la connaissance du domaine considéré et d'une base de faits qui contient les informations concernant le cas traité, et (b) un moteur d'inférences capable de raisonner à partir des informations contenues dans la base de connaissances. Au fur et à mesure que les règles sont appliquées des nouveaux faits se déduisent et se rajoutent à la base de faits. Les principaux avantages des systèmes experts pour le diagnostic sont leur capacité à donner des réponses en présence d'incertitude et leur capacité à apporter des explications aux solutions fournies. Leur difficulté spécifique est la capture de la connaissance (faits et règles) c'est-à-dire la définition et la description du raisonnement associé à partir d'une situation donnée.

L'analyse de tendance qualitative (QTA) utilise l'information de type tendance présente dans les mesures issues des capteurs. Il y a deux étapes de base, l'identification de tendances dans les mesures, et l'interprétation de ces tendances en terme de scénarios de fautes. Le processus d'identification doit être robuste par rapport aux variations momentanées du signal (dues au bruit) et capturer seulement les variations importantes. Le filtrage peut altérer le caractère qualitatif essentiel contenu dans le signal. On peut par exemple utiliser un système à base de fenêtrage pour identifier des tendances à des niveaux divers (c'est-à-dire à des niveaux de détail différents) et cette représentation peut alors être utilisée pour le diagnostic et la commande supervisée. Ces tendances dans le processus peuvent être transformées en fautes pour ainsi construire la base de connaissance utilisée pour le diagnostic.

2.4.2.2 Méthodes quantitatives

Quand la connaissance sur le procédé à surveiller n'est pas suffisante et que le développement d'un modèle de connaissance du procédé est impossible, l'utilisation de modèles dits « boîte noire » peut être envisagée. C'est le cas de l'utilisation de **Réseaux de Neurones Artificiels (RNA)** dont l'application dans les domaines de la modélisation, de la commande et du diagnostic a largement été reportée dans la littérature. Un réseau de neurones réalise une fonction non linéaire de ses entrées par composition des fonctions réalisées par chacun de ses neurones. Nous reviendrons plus en détails sur la description des RNAs utilisés comme méthode de classification pour le diagnostic. (§ 2.5.3).

Les techniques statistiques multi-variables comme **l'analyse en composantes principales (ACP)** ont été utilisées avec succès dans le domaine du diagnostic. C'est un outil capable de compresser des données et qui permet de réduire leur dimensionnalité de sorte que l'information essentielle soit conservée et plus facile à analyser que dans l'ensemble original des données. Le but principal de l'ACP est de trouver un ensemble de facteurs (composantes) qui ait une dimension inférieure à celle de l'ensemble original de données et qui puisse décrire correctement les tendances principales. Une limitation importante de la surveillance basée sur l'ACP est que la représentation obtenue est invariante dans le temps, alors qu'elle aurait besoin d'être mise à jour périodiquement. Nous retournerons plus en détails sur la description des ACPs (§ 2.5.2).

2.5 Approche pour le diagnostic à base d'analyse des données

Effectuer le diagnostic d'un système, c'est identifier le mode de fonctionnement dans lequel il se trouve. L'objectif de notre travail est de développer une approche qui permettre de construire un modèle de comportement du processus de la station SMAPA de production d'eau potable. Ce modèle doit permettre d'identifier des situations anormales issues des dysfonctionnements et les défaillances du processus surveillé, pour aider l'opérateur humain dans sa prise de décisions. L'opérateur doit aussi pouvoir avec ce modèle, détecter les besoins de maintenance des différentes parties de la station.

Un type de connaissance exploitable à des fins de diagnostic est constitué par l'ensemble des historiques de fonctionnement de la station. Si cet ensemble d'historiques recouvre des modes de fonctionnement en présence de défaillances connues et répertoriées, notamment grâce aux actions de maintenance, il peut être un moyen pour obtenir une représentation de la relation inconnue symptômes/défaillance. Les propriétés d'approximation des réseaux de neurones ou des systèmes d'inférences floues peuvent alors être mises à profit pour obtenir une telle représentation. Le problème à résoudre, alors consiste à évaluer la ressemblance du vecteur des symptômes observés, à un vecteur des symptômes de référence que l'on sait associer au défaut. En fait, quelle que soit la méthode utilisée, le diagnostic s'apparente implicitement ou explicitement à un problème de reconnaissance de formes, dans le but d'associer un ensemble de symptômes observés au défaut qui en est la cause.

2.5.1 Diagnostic par reconnaissance de formes

La reconnaissance des formes regroupe l'ensemble des méthodes permettant la classification automatique d'objets, suivant sa ressemblance par rapport à un objet de référence. Une forme est définie à l'aide de *n* paramètres, appelés individus, qui sont les composantes d'un vecteur forme $X_i = [x_1, x_2, ..., x_n]^T$. Une forme peut donc être représentée par un point d'un espace à *n* dimensions. Dans la suite, $C_1, C_2, ..., C_k$ seront les *k* différentes classes, ou formes types, d'un problème de reconnaissance de formes. L'objectif est alors, étant donnée une forme *X*, de décider si elle doit être affectée à la classe C_1, ou C_2, ... , ou C_k. Chaque classe occupe une zone géométrique de l'espace à *n* dimensions, le problème consiste alors, connaissant les différentes classes, à définir les frontières les séparant. La résolution d'un problème de reconnaissance de formes se ramène finalement à la détermination des frontières entre classes. Comme montre la figure 2.4, la connaissance des frontières entre classes permet l'affectation d'une nouvelle observation à l'une d'entre elles, c'est l'opération de classification.

La résolution d'un problème de reconnaissance de formes nécessite : (a) la définition précise des *k* classes entre lesquelles va s'opérer la décision, (b) Le choix d'un jeu de caractères pertinents pour la discrimination des vecteurs des formes et (c) l'élaboration d'un classificateur permettant l'affectation d'une forme observée à l'une des classes.

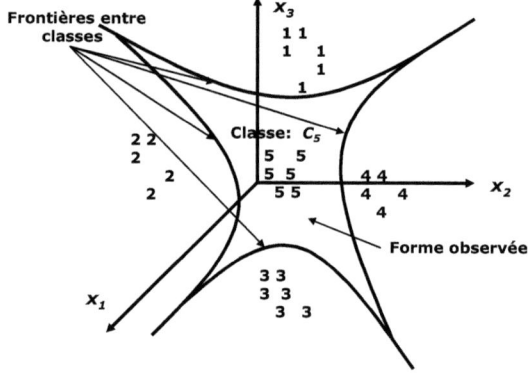

Figure 2. 4 La forme observée X est ici associée à la classe C_5.

La démarche exposée précédemment, peut être appliquée avec profit au diagnostic d'une installation industrielle. Dan ce cas, les n paramètres du vecteur forme résultent de mesures réalisées sur le système à surveiller et des observations réalisées par les opérateurs en charge de l'installation. Une bonne connaissance de l'installation permettra de choisir les paramètres le plus adaptés. Ces paramètres, une fois choisis, sont mesurés en permanence sur l'installation à surveiller. Par suite des bruits de mesure et des diverses perturbations auxquelles le système est inévitablement soumis, une suite d'observations du vecteur forme X, résultant d'un même état de fonctionnement du système, ne va pas se retrouver en un seul point, mais occupe une zone de l'espace à n dimensions. Si les n paramètres ont été bien choisis, une forme correspondant à un fonctionnement normal appartiendra à une certaine zone ou classe, alors qu'une forme correspondant à un autre mode de fonctionnement appartiendra à une autre classe. Ainsi, chaque mode de fonctionnement peut être représenté au moyen d'une classe de l'espace de représentation.

La figure 2.5 présente la structure simplifiée d'un système de diagnostic par reconnaissance des formes. La fonction d'observation a pour rôle d'élaborer le vecteur forme à partir des mesures et observations réalisées sur l'installation. La forme ainsi générée est appliquée au bloc de classification permettant de réaliser son affectation à l'une des classes connues et au mode de fonctionnement correspondant.

La construction d'un dispositif de diagnostic par reconnaissance de formes se déroule en trois étapes principales : (a) la création d'une base d'apprentissage qui regroupe un certain nombre de classes, chacune correspondant à un mode de fonctionnement particulier du système, (b) le choix d'un classificateur que permettra de décider de l'appartenance d'une nouvelle observation à l'une des classes existantes, et (c) l'utilisation effective du classificateur en phase d'exploitation qui consiste à implémenter le système afin de proposer une décision pour toute forme n'appartenant pas à une classe déjà définie (mise en œuvre du classificateur destiné à un fonctionnement en ligne).

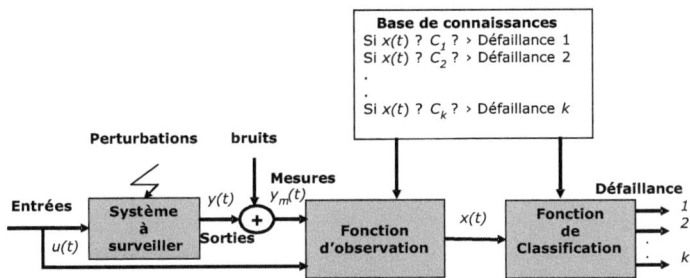

Figure 2. 5 Structure d'un système de diagnostic par reconnaissance des formes

Nous allons dans la suite explorer différentes méthodes de classification pour le diagnostic dans le cadre de systèmes complexes. Les méthodes à analyser sont : les réseaux de neurones artificiels, l'approche floue et la méthode de classification *LAMDA* qui peut être considérée comme intermédiaire entre ces deux approches.

2.5.1.1 L'approche floue

Dans la théorie des ensembles classiques, la notion d'appartenance est fondamentale, mais elle est de type tout ou rien, un élément appartient ou n'appartient pas à un ensemble [TOSCANO, 2005]. Un tel outil s'avère alors difficilement utilisable lorsqu'il s'agit de manipuler des données vagues, imprécises, contradictoires ou lorsqu'il s'agit de classer des informations suivant des catégories aux frontières mal définies. La théorie des ensembles flous, par un assouplissement de la notion d'appartenance, permet d'atteindre de tels objectifs. Elle s'avère alors plus adaptée pour la représentation des connaissances qualitatives. Les applications floues sont nombreuses, on peut citer la gestion financière, la médecine, le diagnostic, la commande automatique de processus et bien d'autres.

L'idée de l'approche floue est de construire un dispositif, appelé système d'inférences floues, capable d'imiter les prises de décision d'un opérateur humain à partir des règles verbales traduisant ses connaissances relatives à un processus donné.

La relation mathématique existant entre un défaut et ses symptômes est le plus souvent difficile à obtenir. Toutefois, les opérateurs humains ayant en charge la maintenance et la conduite du système sont souvent capables, de par leur expérience, de déterminer, sur la base de leurs observations, l'élément défaillant qui est à l'origine d'un comportement qu'ils ont jugé anormal. Ce type de savoir peut être exprimé à l'aide de règles de la forme :

SI *condition* ALORS *conclusion*

où la partie *condition* comporte les symptômes observés et la partie *conclusion* l'élément défaillant. Ce type de connaissances peut alors être utilisé pour construire un système d'aide au diagnostic de l'installation. La notion de sous-ensemble flou introduite par Zadeh en 1965, est fondée sur le degré d'appartenance, qui généralise les fonctions caractéristiques.

Chaque classe en relation avec les modes de fonctionnement du système peut être interprétée comme un sous-ensemble d'un espace multidimensionnel, la classification se résume alors à la recherche des propriétés caractéristiques de ces ensembles. Finalement, chaque classe peut être modélisée au moyen d'un sous-ensemble flou caractérisé par une fonction d'appartenance multidimensionnelle qu'il s'agit de déterminer. Dans la figure 2.6 le vecteur des symptômes x du classificateur, élaboré à partir des grandeurs mesurées sur le système, peut être vu comme une forme, qu'il s'agit de classer parmi l'ensemble des formes correspondant à un fonctionnement normal ou non.

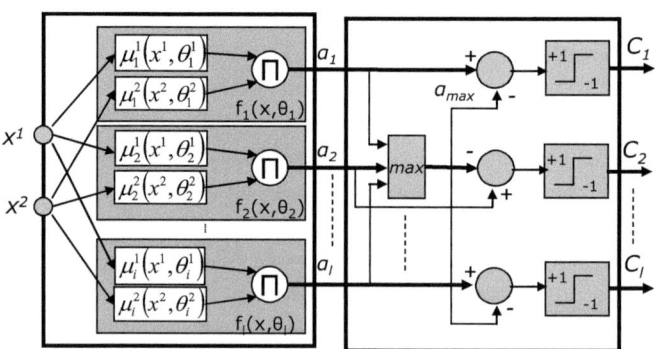

Figure 2. 6 Structure générale du classificateur

La classification est réalisée au moyen des fonctions de vérité et de décision, dont le paramétrage réalise la frontière entre les classes. L'ensemble d'apprentissage permet, d'une part de générer la base de règles et d'autre part de réaliser le paramétrage des fonctions d'appartenance.

Cette approche consiste à rechercher les projections de la fonction d'appartenance à une classe, sur chacune des dimensions de l'espace de représentation. La fonction d'appartenance au sous-ensemble flou global est alors obtenue au moyen d'un opérateur de conjonction, ce qui se traduit symboliquement par l'écriture d'une règle d'appartenance à la classe considérée. Le classificateur ainsi comporte un nombre de règles égales au nombre de classes. La base de règles du classificateur est composée d'une liste de propositions conditionnelles, de la forme,

$$R_i : Si\left(x^1 est A_i^1\right)_{et} \left(x^2 est A_i^2\right)_{et\ldots et} \left(x^q est A_i^q\right), \ x \in C_i; i = 1\ldots l \qquad (2.2)$$

Où l est le nombre total de règles, les A_i^j sont des sous-ensembles flous définis par des fonctions d'appartenance $\mu_i^j\left(x^j, \theta_i^j\right)$ dont θ_i^j représente le vecteur des paramètres, et les C_i représentent les différentes classes de la classification.

Soit α_i le degré d'appartenance de l'observation x à la classe C_i,

$$\alpha_i(x) = \prod_{j=1}^{n_x} \mu_i^j\left(x^j, \theta_i^j\right) \qquad (2.3)$$

soit d'autre part α_{max} le plus grand degré d'appartenance correspondant à l'observation x,

$$\alpha_{max} = \max_{i=1\cdots l} \alpha_i(x) \qquad (2.4)$$

L'observateur x doit être affectée à la classe C_i permettant d'obtenir le plus grand degré d'appartenance, d'où la règle de décision :

L'observation x est affectée à la classe C_i telle que $\alpha_i(x) - \alpha_{max} \geq 0$

La structure correspondante du classificateur est alors celle de la figure 2.6. Les sorties délivrées par ce classificateur sont :

$$C_i = +1 \text{ si } x \in C_i \qquad (2.5)$$

$$C_i = -1 \text{ si non}$$

La règle de décision doit être complétée afin d'offrir la possibilité de rejets d'ambiguïté et d'utilisation de distance. Il y a ambiguïté lorsqu'une observation appartient à un domaine commun à plusieurs classes. Dans ses conditions, les degrés d'appartenance $\alpha_i(x)$ correspondants sont assez peu différents, ce qui peut conduire à une mauvaise classification.

2.5.1.2 La méthode de classification *LAMDA*

LAMDA (Learning Algorithm for Multivariate Data Analysis) est une stratégie de classification avec apprentissage proposée par Joseph Aguilar-Martin [AGUILAR-MARTIN et al.,1980]. La méthode a été développée par plusieurs chercheurs [AGUILAR-MARTIN et al.,1982; DESROCHES,1987 ; PIERA et al.,1989]. C'est un algorithme d'analyse de données multidimensionnelles par apprentissage et reconnaissance de formes. La formation et la reconnaissance de classes dans cette méthode sont basées sur l'attribution d'un objet à une classe à partir de la règle heuristique appelée adéquation maximale. *LAMDA* a été utilisé en domaines très diverses : en analyse biomédicale [CHAN et al., 1989], pour les bio-procédés [AGUILAR-MARTIN et al., 1999], pour l'étude des processus de dépollution des eaux usées [WAISSMAN-VILANOVA et al. 2000], pour la psychologie [GALINDO,2002]. Plus récemment, dans les travaux de thèse de Kempowsky [KEMPOWSKY,2004a] (procédés industriels), Orantes (placement des capteurs) [ORANTES,2005] et Atine [ATINE,2005] (segmentation d'images biologiques). *LAMDA* a été mise en œuvre pour la première fois dans le logiciel SYCLARE [DESROCHES,1987], puis dans le logiciel *LAMDA*2 [AGUADO,1998] et plus récemment dans le logiciel SALSA [KEMPOWSKY,2004b].

Les caractéristiques principales de *LAMDA*

➢ **L'adéquation :**

LAMDA ne considère pas la similarité ou la distance entre éléments pour la classification, mais il introduit la notion de *degré d'adéquation* de l'élément aux classes déjà formées,

➢ **L'attribution:**

On affecte chaque élément à la classe dont le degré d'adéquation est maximal, cependant on conserve les degrés d'adéquation à toutes les classes, ce qui constitue une partition floue.

➢ **Entropie maximale :**

Dans l'univers d'où proviennent tous les éléments, le concept d'entropie maximale est à la base de la modélisation de l'homogénéité qui correspond à l'absence d'information, il correspond à une classe qui accepte tous les éléments avec le même degré d'adéquation. Cette classe est très importante pour le processus de formation de nouvelles classes: on l'appelle « Classe non-informative » (*NIC*). L'existence de cette classe agit comme une limitation ou un seuil : aucun élément ne sera assigné à une classe si son degré d'adéquation globale n'est pas supérieur à celui de la classe non informative.

> **Degré d'adéquation avec connectifs :**

Le degré d'appartenance à une classe est calculé à partir des valeurs de ses descripteurs. Ces valeurs contribuent au calcul de l'adéquation à chaque classe au moyen de degrés d'adéquations marginales fournis par des fonctions de distribution floue.

> **Connectifs :**

L'agrégation des adéquations marginales se fait à partir de connectifs de la Logique Floue, c'est-à-dire d'une t-norme et de son dual la t-conorme ou s-norme.

Les principales propriétés de *LAMDA*

> On peut choisir les fonctions d'appartenance de la Logique Floue, qu'elles soient associées à certaines distributions probabilistes, (Binomiale, gaussienne, ...).

> On peut choisir les connectifs parmi des familles de t-normes (produit probabiliste, min-max de Zadeh, t-normes de Frank, t-normes de Yaguer ....).

> On peut ajuster le degré d'exigence par l'introduction de connectifs mixtes linéairement compensés: une grande exigence considérera plus d'éléments non reconnus, et en cas d'auto-apprentissage créera plus de classes. Il est possible d'obtenir des classifications différentes du même groupe d'objets ordonnées par rapport au concept d'"exigence".

> On peut gérer des variables qualitatives et quantitatives simultanément par le choix de fonctions d'adéquation marginale tenant compte des modalités.

> Il peut s'adapter à une situation évoluant au cours du temps en raison d'un apprentissage séquentiel.

> A la fois des apprentissages supervisés et non supervisés peuvent être effectués, et aussi compléter un apprentissage dirigé, par la création de nouvelles classes (apprentissage supervisé).

Les défauts de *LAMDA*

- Il n'y a pas de garantie d'obtenir la meilleure partition. La qualité de la partition obtenue est laissée à l'appréciation de l'expert.
- Il n'y a pas, pour l'instant, de procédure automatique permettant de choisir les connectifs et l'indice d'exigence, mais des travaux sont en cours (thèse de Claudia Isaza) afin de développer méthodologie permettant d'optimiser la partition obtenue en termes de compacité et de séparation des classes en utilisant les degrés d'appartenance d'une classification floue et les concepts de similitude entre ensembles floues.

Méthodologie générale

On considère qu'un objet ou situation x est décrit par un nombre fini et fixé d'attributs notés $x_1, x_2, ... x_n$. Afin d'obtenir une confrontation entre x et les différentes classes C_j, une fonction d'adéquation $M_{i,j} : D_i \times C \longrightarrow [0,1]$ nommée Degré d'Adéquation Marginale (*DAM*) est calculée pour chaque attribut x_i et la forme dans laquelle l'espace de description correspondant est représenté de façon générale dans la classe C_j.

- Le *DAM* est une fonction d'appartenance issue de la Logique Floue. Cette fonction peut exprimer un degré entre l'adéquation d'un attribut à une classe et l'inadéquation de l'attribut à cette classe. Entre ces deux valeurs extrêmes, il existe une valeur de l'attribut telle que, si on se limitait à cette unique information, il serait impossible de décider de l'appartenance de cet objet à une classe. Ceci est équivalent à une adéquation neutre. Le concept d'adéquation neutre est nécessaire dans la représentation d'information insuffisante pour la classification. L'expression d'une adéquation neutre, pour toute valeur dans l'espace de description, est équivalente à l'indistingibilité d'une certaine classe. L'une des spécificités importantes de la méthode *LAMDA* réside dans la prise en compte de ce manque d'information au moyen d'une classe non informative *NIC*. La classe *NIC* équivaut donc à considérer indistingables tous les attributs.

Degré d'adéquation Marginale (*DAM*) et Degré d'adéquation Globale (*DAG*)

Pour un élément donné, les caractéristiques par rapport à chaque descripteur interviennent dans le calcul du degré d'appartenance de cet élément à une classe par ce qu'on a appelé « le degré d'adéquation marginale *DAG* ». Pour chaque élément, on détermine un vecteur des degrés d'appartenance marginale.

L'information de ces degrés devra être agrégée afin d'obtenir un indicateur qui permettra de savoir comment un objet satisfait les conditions propres à la classe C_j. Cet indicateur est modélisé par un opérateur logique d'agrégation $L : [0,1]^n \rightarrow [0,1]$ Le résultat est appelé le Degré d'adéquation Globale (*DAG*) qui est fonction des appartenances marginales.

DAG(X/C) est le degré d'appartenance globale d'un élément *X* à une classe *C*, $\mu_j = DAM(x_j/C)$ est le degré d'appartenance marginale (ou partielle) par rapport au descripteur *j*, et $[\mu_1, ... \mu_j ... \mu_P]$ est le vecteur des appartenances marginales.

Dans l'annexe B de cette thèse, on peut trouver un exemple simple du développement de l'algorithme en utilisant des données quantitatives, permettant de mieux comprendre cette méthode. Dans ce qui suit, nous donnons de façon détaillée les différentes étapes de l'algorithme de classification.

Soit un élément *X* et les classes $C_0, C_1,...,C_K$, une classification se déroule de la façon suivante:

Calculer les degrés d'appartenance globale *DAG* de l'élément *X* à chacune des classes $C_1,...,C_K$ et C_0 la classe vide ou résiduelle, notés $[\rho_1,...,\rho_P]$. Pour ce faire, on calcule des degrés d'appartenance marginale (μ_j) par rapport à chaque descripteur. Le calcul du degré d'appartenance marginale ou partielle dépend du type de descripteur correspondant.

Dans la logique propositionnelle, la façon d'agréger les informations se fait par le biais d'opérateurs de conjonction. Si nous utilisons l'opérateur d'intersection (conjonction logique), un objet aura une adéquation élevée à une classe seulement si tous les attributs de l'objet ont un degré d'adéquation élevé pour cette classe. Au contraire, dans le cas de l'opérateur d'union (disjonction logique), le fait que l'un des attributs présente un degré d'adéquation marginale élevé sera suffisant pour considérer cet objet adéquat à la classe correspondante. Cependant, il est normal de rencontrer des situations où nous ne pouvons pas être assez exigeant pour utiliser l'opérateur d'intersection, mais pour lesquelles l'opérateur d'union serait trop permissif. Pour ces situations, des opérateurs mixtes d'agrégation linéairement compensés ont été proposés. Ces opérateurs ont un comportement réglable allant de l'union à l'intersection. Nous sommes alors capables d'ajuster l'exigence de la méthode. Le schéma général du calcul de l'adéquation d'un objet à une classe est représenté sur la figure 2.7.

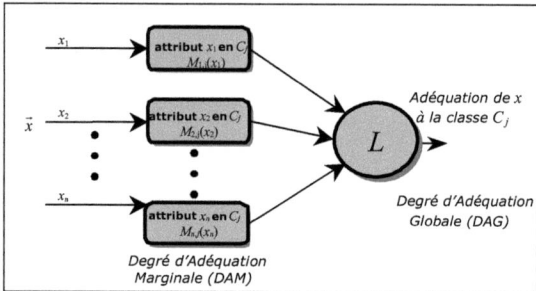

Figure 2. 7 Schéma général du calcul de l'adéquation d'un objet à une classe

Bien qu'on soit obligé en pratique d'assigner une seule classe à chaque élément, le résultat final de la classification n'est pas une partition classique de l'univers de description mais une partition floue, où chaque objet dans l'univers de description a une valeur d'appartenance à chacune des classes existantes. Afin d'obtenir une partition classique de l'univers de description, une fois le *DAG* calculé pour toutes les classes, *x* sera attribué, selon le critère d'adéquation maximale, à la classe où la valeur du *DAG* est maximale. Pour des raisons algorithmiques, et pour assurer que l'assignation d'un objet à une classe soit unique, une deuxième règle de décision *FF* (first found) est prise en considération : lorsque la valeur maximale du *DAG* est trouvée dans plus d'une classe, l'objet sera placé dans la première classe à laquelle il a été confronté et qui présente une valeur d'appartenance maximale. On peut aussi envisager une variante appelée *LF* (last found) dans laquelle c'est la dernière classe qui est retenue.

L'apprentissage consiste à extraire, à partir de l'information contenue dans une base de données connue d'apprentissage, les caractéristiques qui décrivent le mieux chaque concept. Dans *LAMDA*, ceci est traduit par l'estimation des paramètres définissant les fonctions d'appartenance des *DAM*. Dans notre approche, les fonctions d'appartenance de chaque attribut sont estimées indépendamment de l'information disponible sur les autres attributs. Les paramètres représentant une classe sont estimés à partir uniquement des données de l'ensemble d'apprentissage appartenant à cette classe. Ceci implique que, dans *LAMDA*, l'apprentissage d'un concept (ou classe) est réalisé à partir uniquement de l'information dont nous disposons sur celui-ci, et non par opposition aux autres concepts établis.

Après la présentation des principes et des bases de la méthodologie de classification *LAMDA*, on va développer à présent les deux parties essentielles de cette méthodologie : les fonctions d'appartenance qui définissent le Degré d'Adéquation Marginale et les opérateurs logiques d'agrégation qui déterminent le Degré d'adéquation

Globale. Déterminer les fonctions d'appartenance à partir de données est une opération très importante de l'application de la logique floue à des situations réelles. Toutefois, il n'existe pas de guide ou règle qui puissent être utilisés afin de choisir la meilleure méthode pour obtenir ces fonctions. De plus, il n'existe pas de mesure pour évaluer la qualité d'une fonction d'appartenance.

Fonctions d'adéquation (appartenances floues)

Pour bien délimiter les types de fonctions d'appartenance qui sont adaptés à la méthode *LAMDA*, on établit les contraintes suivantes :

- *LAMDA* étant une méthode conceptuelle, les fonctions d'appartenance des *DAM* dépendent des paramètres représentant les données d'apprentissage.

- Les fonctions d'appartenance utilisées pour le *DAM* doivent refléter l'adéquation de la valeur d'un attribut à une classe par rapport à l'inadéquation. Dans *LAMDA*, les valeurs, minimale et maximale, possibles d'une fonction (0 et 1) signifient une totale inadéquation de l'attribut à la classe et une totale adéquation, respectivement. Parmi les valeurs extrêmes de la fonction d'appartenance, une valeur d'adéquation doit être représentée par un degré d'appartenance bien défini et connu. C'est-à-dire, les fonctions d'appartenance utilisées dans *LAMDA*, sont plutôt une généralisation floue d'une logique à trois valeurs (0,1, ?) que d'une logique binaire.

Afin de modéliser la classe *NIC*, pour des paramètres précis, la fonction d'appartenance doit montrer une adéquation neutre dans tout l'espace de description.

- **Cas des descripteurs qualitatifs**

Un descripteur qualitatif est caractérisé par un ensemble non ordonné de modalités. Lors de la classification, on procède au calcul des fréquences de chaque modalité à l'intérieur d'une classe. Le calcul de la fonction d'appartenance marginale d'un élément est la fréquence de la modalité observée dans cette classe.

- **Cas des descripteurs quantitatifs**

Les descripteurs quantitatifs sont tels que les valeurs associées peuvent se mettre dans un ensemble ordinal discret ou continu. Cet ensemble se présente donc comme un intervalle $[x_{min}, x_{max}]$ et peut être réduit à l'intervalle $[0,1]$ par la formule de normalisation suivante :

$$x_j = \frac{x_j - x_{min}}{x_{max} - x_{min}} \qquad 2.6$$

Il existe plusieurs fonctions pour représenter l'appartenance d'un descripteur. Dans ce qui suit, nous donnons les 3 fonctions que nous avons utilisées dans notre travail.

Binomiale floue. C'est une extension floue de la fonction binomiale [AGUILAR-MARTIN,1980] :

$$\mu(x_j/C_i) = \rho_{i,j}^{x_j}(1-\rho_{i,j})^{(1-x_j)} \qquad 2.7$$

Binomiale floue Centrée. Cette fonction permet une partition autour des centres des classes (WAISSMAN-VILANOVA,2000). Le *DAM* est calculé alors par la proximité entre la valeur x_j observée pour le descripteur j et le centre c_{ij} du même descripteur pour la classe i :

$$par = \rho_{i,j}^{x_j}\left(1-\rho_{i,j}\right)^{(1-x_j)}$$
$$des = x_j^{x_j}(1-x_j)^{(1-x_j)}$$
$$\mu(x_j/C_i) = \frac{par}{des} \qquad 2.8$$

Gauss: Dans ce cas, les relations utilisées sont à rapprocher de celles donnant la moyenne et l'écart type d'une distribution gaussienne non normalisée :

$$\mu(x_j/C_{ij}) = e^{-\frac{1}{2\sigma_{ij}^2}(x_j-\mu_{ij})^2} \qquad 2.9$$

où μ_{ij} et σ_{ij} correspondent, respectivement, à la valeur moyenne et à la variance du descripteur j pour la classe i.

Une fois que les *DAMs* ont été obtenus pour une classe, le *DAG* doit être calculé, le *DAG* est obtenu par l'agrégation des *DAMs* en utilisant les connectifs choisis, [PIERA,1991].

L'étape suivante consiste, à l'aide du connectif, à déterminer le degré d'appartenance globale *DAG* de l'élément *X* à la classe *Ci*. Les connectifs mixtes linéairement compensés que nous avons cités précédemment effectuent une interpolation entre l'opérateur logique d'intersection (T-norme) et celui de l'union (T-conorme), par le biais du paramètre α, par la formule :

$$DAG_\alpha(DAM_1,...,DAM_d) = \alpha T(DAM_1,...,DAM_d) + (1-\alpha)S(DAM_1,...,DAM_d) \qquad 2.10$$

Les appartenances marginales pour chaque descripteur, permettent de calculer l'appartenance d'un élément à chacune des classes. Cet élément est assigné à la classe dont le degré d'appartenance globale correspondant est maximal. Le paramètre α est l'indice d'exigence et $\alpha \in [0,1]$. Pour $\alpha = 0$, la classification est peu exigeante dans l'attribution d'un individu à une classe. L'exigence plus forte est obtenue pour $\alpha = 1$.

L'organigramme général de l'algorithme de classification *LAMDA* est donné sur la figure 2.8. Ce schéma illustre l'algorithme *LAMDA* dans le cas de l'auto-apprentissage ou bien dans le cas de la reconnaissance. Dans le cas de l'apprentissage, sachant qu'il s'effectue de façon séquentielle, la représentation d'une classe varie après qu'un élément ait été attribué. La mise à jour de la classe s'effectue en prenant en compte les caractéristiques du nouvel élément ainsi que la description de la classe à l'instant précédent.

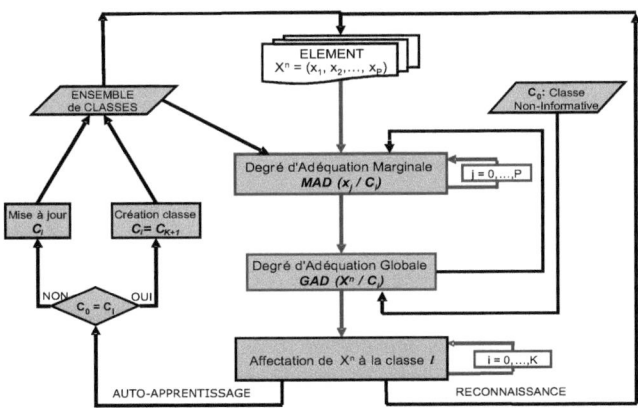

Figure 2. 8 Algorithme général de LAMDA

Actualisation des paramètres

Enfin, l'actualisation des paramètres associés aux descripteurs quantitatifs se fait de la façon suivante:

$$\rho_{i,j} = \rho_{i,j} + \frac{x_j - \rho_{i,j}}{N+1} \qquad 2.11$$

où N est le nombre d'objets attribués à cette classe. Pour procéder séquentiellement, il est nécessaire de connaître le nombre d'éléments ayant servi au calcul des paramètres de la classe correspondante.

On peut créer aussi, à l'aide de la classe (*NIC*) une nouvelle classe qui va être caractérisée par l'affectation d'un élément à cette classe. *X* est le premier élément d'une nouvelle classe C_{K+1} et la représentation de cette nouvelle classe dépendra de cet élément. On prendra un paramètre fictif N_0 correspondant au «nombre d'éléments de la classe « NIC ».

$$\rho_{i0} = \rho_{i0} + \frac{x_i - \rho_{i0}}{N_0 + 1} \qquad 2.12$$

Dans le cas de l'auto-apprentissage, toute classe a dû être initialisée par la classe NIC, c'est pourquoi la formule de la mise à jour doit contenir ce paramètre fictif N_0 et elle devient:

$$\rho_{ik} = \rho_{ik} + \frac{x_i - \rho_{ik}}{N_0 + N + 1} \qquad 2.13$$

Le paramètre $N_0 > 0$ détermine l'initialisation de l'apprentissage. Sa valeur peut être choisie arbitrairement mais elle influe sur le pouvoir d'absorption de chaque classe nouvelle, plus N_0 est grand, moins la classe nouvelle sera influencée par le premier élément; par contre en apprentissage dirigé ce paramètre n'a pas d'influence sur le résultat de la classification.

Dans le cas de la reconnaissance de formes, l'élément est attribué à une classe significative ou rejetée dans la classe résiduelle NIC. Dans le cas de l'apprentissage, s'il est affecté à une classe significative il y a modification des paramètres de cette classe. En revanche, si la classe vide a la plus grande adéquation, une nouvelle classe doit être créée pour contenir cet élément. Il y a rejet si la classe vide est la plus proche et qu'il n'y a pas possibilité de création de nouvelle classe parce que le nombre maximum des classes créées est atteint.

L'outil SALSA [KEMPOWSKY, 2004b]

L'outil Salsa a été développé sur la base de la méthode LAMDA dans le cadre du projet européen CHEM (Advanced Decision Support Systems for Chemical and Petrochemical Manufacturing Processes) dont l'objectif principal a été le développement d'une plateforme générique d'outils intégrés basés sur des méthodologies avancées pour la surveillance, la supervision, la détection de défauts et le diagnostic des procédés [CHEM, 2006]. On a choisi d'utiliser cet outil pour déterminer le comportement de la station SMAPA de production d'eau potable par traitement des données issues des capteurs. Pour reconnaître et déterminer l'état fonctionnel actuel du processus, une première étape effectuée hors ligne est le développement d'un modèle dit de comportement réalisé à partir de la classification effectuée sur des données historiques provenant du fonctionnement de cette station sur plusieurs années. La deuxième étape est la reconnaissance d'un comportement en temps réel, en utilisant le modèle de comportement obtenu durant la phase hors ligne. L'avantage de l'outil Salsa pour faire le diagnostic est qu'il n'a pas besoin d'un modèle initial ni analytique ni issu de l'intelligence artificielle (logique floue, réseau neuronal). En revanche, il nécessite l'avis d'un expert pour valider l'affectation des états de fonctionnement du processus à des classes et obtenir ainsi, le modèle de comportement.

Les caractéristiques principales qui ont guidé le choix vers SALSA, sont celles de *LAMDA* (information qualitative que quantitative, algorithme séquentiel) plus la facilité d'installation et de configuration, ainsi que l'aide au dialogue avec l'opérateur. Il permet indifféremment l'apprentissage non supervisé et l'apprentissage supervisé, nécessite un nombre minimum de paramètres à régler par l'opérateur et est facile pour l'installation et la configuration.

2.5.2 Modélisation linéaire et sélection des mesures (l'ACP)

L'ACP est une méthode d'analyse multivariable qui a été souvent utilisée pour le traitement statistique de base de données multidimensionnelles. L'analyse factorielle en composantes principales est un traitement statistique de données dont le but est de représenter et d'expliquer les liaisons statistiques entre les phénomènes. Elle permet d'identifier des variables sous-jacentes, ou facteurs qui expliquent les corrélations à l'intérieur d'un ensemble de variables observées. Elle est souvent utilisée pour réduire un ensemble de données, et dans l'agrégation de l'information, en identifiant un petit nombre de facteurs qui expliquent la plupart des variances observées dans le plus grand nombre de variables manifestes. On peut également utiliser l'analyse factorielle pour résumer, synthétiser, et hiérarchiser l'information contenue dans un tableau de n lignes (les individus) et p colonnes (les variables). Les n individus sont décris par un nuage de p variables. L'information représentée par ce nuage revient à la dispersion des n points. Produire un résumé de cette information c'est projeter ces points dans un espace de dimension inférieure à p le nombre de variables initiales. Les axes de ce sous-espace sont dits « axes factoriels » ou « facteurs ». Chaque variable p porte en elle, une part d'information originale ou part d'inertie et une part d'information originale redondante avec les autres, venant des corrélations entre variables. C'est cette part d'information redondante qui va être regroupée dans le résumé factoriel.

Les facteurs sont hiérarchisés de la manière suivante :

Le 1er axe concentre le maximum de l'information : c'est l'axe de la plus grande dimension du nuage de points et il fournit le meilleur résumé dans un espace à une dimension, mais il laisse des résidus d'information.

Le 2e axe concentre le maximum de l'information restante, il est orthogonal au premier et c'est le meilleur résumé dans un espace à deux dimensions. Mais, de même il laisse aussi des résidus.

Le 3e axe prend encore une part d'information moindre, il est orthogonal au deux premiers. Et ainsi de suite, pour les axes suivants tant que l'on pense qu'ils apportent encore de l'information.

Le nombre de composantes en théorie est égal au nombre de variables originelles. Mais, en pratique, les premières directions permettent de couvrir un pourcentage élevé (80%, 90%) de toutes les données originelles et sont donc utilisées pour restreindre l'espace d'observation.

Concepts de base de l'ACP

Les composantes principales sont déterminées grâce au calcul des vecteurs propres de la matrice de variance. Les vecteurs propres avec les plus grandes valeurs propres seront utilisés comme les vecteurs de la base sur lesquels les données seront projetées [JOLLIFFE, 1986 ; OJA et al., 1992].

Pour un groupe de données, $X = (x_1, x_2, ..., x_N)$, l'approche par ACP s'effectue par le calcul de la matrice de covariance :

$$CO = \frac{1}{N} \sum_{i=1}^{N} X_i X_i^T \qquad 2.14$$

On utilise ensuite n'importe quel algorithme de détermination des vecteurs propres pour trouver les valeurs propres de la matrice de covariance des données :

$$COU = \lambda U \qquad 2.15$$

où λ est la valeur propre, et U est le vecteur propre correspondant. Les m composantes principales des données n sont les directions orthogonales m dans les espaces de n qui capturent la plus grande variation des données. Comme nous le verrons dans la partie consacrée aux résultats, dans cette étude, on constate que 4 composantes principales ont la capacité de maintenir l'information exigée pour la prédiction de la dose de coagulant de la station SMAPA de production d'eau potable. La figure 2.9 montre la projection dans l'espace des variables et des individus, et aussi la décomposition ces vecteurs propres et valeurs propres.

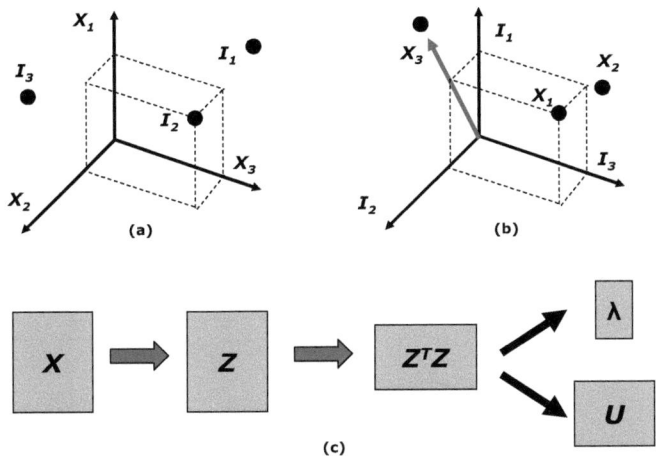

Figure 2. 9 Projection (a) dans l'espace des variables, (b) dans l'espace des individus et (c) décomposition de l'ACP

2.5.3 Les réseaux de neurones

Les premiers travaux sur les RNA ont été développés par McCulloch et Pitts en 1943 [MCCULLOCH et PITTS,1943]. Un RNA définit implicitement une fonction non linéaire paramétrable, jouissant de la propriété d'approximation universelle. Cela signifie qu'il est capable d'approcher une fonction non-linéaire, dont on ne connaît que quelques points, qui constituent la base d'exemples. Le paramétrage du réseau est réalisé à partir de la base d'exemples, au moyen d'un algorithme d'apprentissage, conçu pour minimiser un critère quadratique sur l'erreur d'approximation réalisé par ce modèle non-linéaire. Ceci explique l'utilité de ce type d'approche dans le domaine du diagnostic, où le problème à résoudre consiste, finalement, à approcher la relation inconnue reliant les symptômes aux défaillances.

Un neurone formel (figure 2.10) réalise une fonction f, de la somme pondérée de ses entrées ($x_1,...,x_N$) :

$$u_i = \sum_{n=1}^{N} w_{in} x_n \qquad (2.16)$$

$$y_i = f(u_i) \qquad (2.17)$$

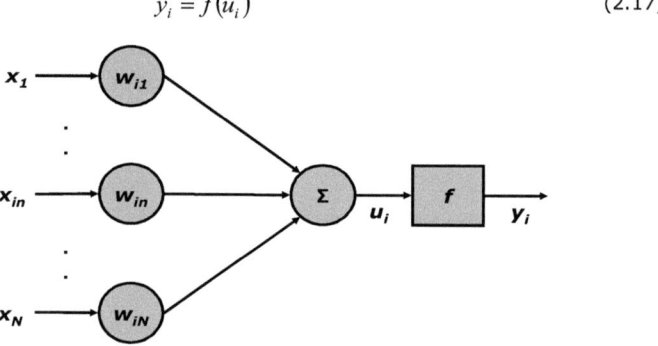

Figure 2. 10 Neurone formel

Chaque nœud *i* calcule la somme de ses entrées $x_i,...,x_N$, pondérées par les poids synaptiques correspondants $w_{i1},...,w_{iN}$; cette valeur représente l'état interne du neurone u_i. Ce résultat est alors transmis à une fonction d'activation *f* (figure 2.11). La sortie y_i est l'activation du neurone. L'interconnexion de plusieurs neurones formels réalise un réseau de neurone.

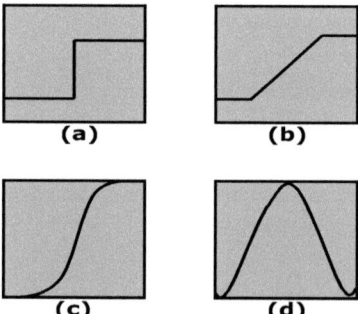

Figure 2. 11 Principales fonctions d'activation : (a) fonction à seuil, (b) fonction linéaire, (c) fonction sigmoïde, (d) fonction gaussienne

La propriété principale des RNA est leur capacité d'apprentissage. Cet apprentissage permet alors, sur la base de l'optimisation d'un critère, de reproduire le comportement d'un système à modéliser. Il consiste dans la recherche d'un jeu de paramètres (les poids) et peut s'effectuer de deux manières : supervisé et non supervisé. Dans l'apprentissage supervisé le réseau utilise les données d'entrée et la (ou les) sortie (s) du système à modéliser [BISHOP,1995]. De cette façon, l'algorithme d'identification des paramètres du réseau va modifier ses poids jusqu'à ce que le résultat fourni par le réseau soit le plus proche possible de la sortie attendue, correspondant à une entrée donnée. L'identification des poids du réseau est effectuée en optimisant un critère de performance du RNA. Ce critère dans le cas de cet algorithme est calculé sur la base de la différence entre le résultat y_i obtenu par le réseau et la sortie attendue d_{l_i}. L'optimisation s'effectue en ajustant les poids par une technique de gradient. Chaque fois qu'un exemple est présenté au RNA, l'activation de chaque nœud est calculée. Après avoir déterminer la valeur de la sortie, la valeur de l'erreur est calculée en remontant le réseau, c'est-à-dire de la couche de sortie vers la couche d'entrée. Cette erreur est le produit de la fonction d'erreur $E=1/2\Sigma(y_l-d_l)^2$ et de la dérivée de la fonction d'activation f. L'erreur est une mesure du changement de la sortie RNA provoqué par un changement des valeurs des poids du réseau.

Dans l'apprentissage non supervisé des RNA, contrairement au réseau précédent, on utilise des données qui ne sont pas étiquetées a priori (c'est-à-dire que les sorties ne sont pas explicitement connues). Le réseau s'auto-organise pour extraire lui-même les données et les regrouper automatiquement. L'apprentissage a lieu souvent en temps réel avec des réseaux qui peuvent être éventuellement bouclés. Il est réalisé à l'aide des informations locales contenues dans les poids synaptiques et dans l'activation de neurones élémentaires.

Il existe un grand nombre des RNA à apprentissage supervisé et non supervisé. Les plus utilisés sont le perceptron, le perceptron multicouche et les réseaux à base radiale (RBF) pour l'apprentissage supervisé et le réseau de Hopfield et les cartes topologiques de Kohonen dans le cas de l'apprentissage non supervisé.

L'architecture du RNA la plus étudiée est le réseau de neurones multicouche (ou Multi-Layer Perceptron MLP en anglais) (Figure 2.12). Il se compose de neurones distribués sur plusieurs couches, dont les neurones sont tous reliés aux neurones des couches adjacentes. Les couches autres que celles d'entrée et de sortie sont appelées « couches cachées ». Il a été montré qu'une seule couche cachée était nécessaire pour modéliser toute fonction continue avec une précision donnée, moyennant un nombre suffisant de neurones dans cette couche. La fonction principale des neurones d'entrées est d'associer les valeurs aux neurones et de les transmettre à la couche cachée. Les neurones de la couche cachée ont la capacité de traiter l'information reçue. Chacun d'eux effectue deux opérations différentes : la somme pondérée de ses entrées (en utilisant les poids associés aux liens existant entre ce neurone et les autres de la couche précédente), suivi d'une transformation non linéaire (appelée fonction d'activation). La sortie de ces deux actions est alors envoyée à la couche suivante qui en est l'occurrence la couche de sortie dans notre cas. Mathématiquement, si la transformation non linéaire f est identique pour tous les neurones, l'expression de la sortie du perceptron multicouche est donnée par :

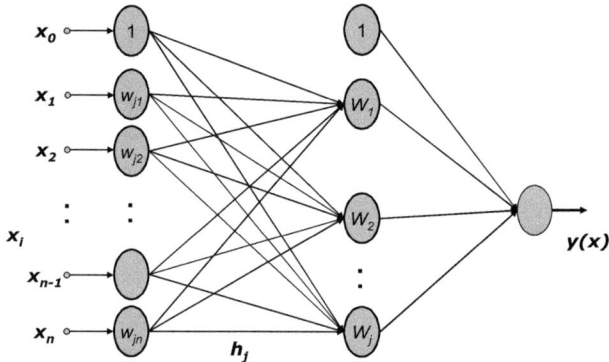

Figure 2. 12 Perceptron multicouche

$$h_j = \sum_{i=1}^{n} w_{ji} x_i + w_{j0} \quad \text{et} \quad y(x) = f(\sum_{j=1}^{H} W_j h_j + W_0) \tag{2.18}$$

w_{ji} sont les poids entre la couche d'entrée et la couche cachée et W_j sont les poids entre la couche cachée et la couche de sortie.

La fonction d'activation f peut être quelconque, mais en pratique, et en particulier lorsque l'on effectue un apprentissage supervisé, il est nécessaire d'avoir une fonction continue et complètement dérivable. Il existe beaucoup de fonctions d'activation [DUCH et JANKOWSKI, 1999].

2.5.3.1   Fonction d'erreur pour l'apprentissage

Le choix de la fonction d'erreur utilisée pour l'apprentissage des réseaux de neurones multicouches a une certaine influence sur la rapidité d'apprentissage et sur la qualité de généralisation du réseau. Cette question a été étudiée par plusieurs chercheurs [VALENTIN,2000 et MOLLER,1993]. L'apprentissage supervisé consiste à déterminer les poids du réseau qui minimisent sur l'ensemble des données de la base d'apprentissage, les écarts entre les valeurs de la sortie (appelées aussi valeurs cibles) et les valeurs de la sortie prédites calculées par le réseau. Mathématiquement ceci consiste à trouver le minimum du critère quadratique :

$$C(\overline{w},\overline{W}) = \frac{1}{N}\sum_{i=1}^{N}(t_i - y_i)^2 \qquad (2.19)$$

où N est le nombre d'exemples de la base d'apprentissage, $\overline{w}, \overline{W}$ sont les vecteurs des poids des deux couches.

La procédure de la minimisation MSE par lui-même n'assure pas l'entraînement du réseau. La sur-adaptation du réseau arrive quand le réseau est excessivement entraîné et/ou l'architecture du réseau a davantage de neurones occultes que ce qui est nécessaire. Il existe différentes procédures pour obtenir une architecture de réseau optimal [NANDI et al., 2001]. L'annexe C décrit la procédure itérative MSE/ME que nous utilisons.

C'est un problème d'optimisation non-linéaire classique. La méthode traditionnellement employée pour effectuer l'apprentissage supervisé du réseau est l'algorithme de rétropropagation [RUMELHART et McCLELLAND,1993], appelé ainsi à cause de la façon typique de calculer les dérivées des couches successives en partant de la couche de sortie pour remonter à la couche d'entrée. Initialement, l'algorithme utilisait la méthode d'optimisation non-linéaire du gradient (appelée aussi méthode de la plus grande pente). Cette méthode est bien connue pour avoir un comportement oscillatoire proche de la solution. C'est pourquoi, actuellement les méthodes dites du 2nd ordre (basée sur une approximation du Hessien) sont préférées car elles fournissent de bien meilleurs résultats. Parmi les plus connues, citons la méthode Quasi-Newton et de Levenberg-Marquardt [NRGAARD et al.,2000].

2.5.3.2 Généralisation du réseau neuronal multicouche

La généralisation concerne la tâche accomplie par le réseau une fois son apprentissage achevé [GALLINARI, 1997]. Elle peut être évaluée en testant le réseau sur données qui n'ont pas servi à l'apprentissage. Elle est influencée principalement par : la complexité du problème, l'algorithme d'apprentissage, la complexité de l'échantillon, et la complexité du réseau (nombre de poids).

- ➢ **La Complexité du problème**. Il est déterminé par sa nature même.

- ➢ **L'algorithme d'apprentissage**. Il influe par son aptitude à trouver un minimum local assez profond, sinon, le minimum global.

- ➢ **La complexité de l'échantillon**. Il trouve la représentativité dans une certaine région à partir de la sélection d'un certain nombre d'exemples pour l'apprentissage du réseau.

> **La complexité du réseau.** Pour bien cerner cet aspect, on fait l'analogie avec un problème de régression polynomiale classique. Si on dispose d'un nuage de points issus d'une fonction F d'une variable réelle inconnue. Les exemples à notre disposition sont des couples (x_i, y_i) bruités de la forme :

$$y_i = F(x_i) + \varepsilon_i \qquad (2.20)$$

où les ε_i sont des réalisations d'une variable aléatoire. L'objectif est de modéliser la fonction F par un modèle polynomial en utilisant les exemples d'apprentissage. Les Figures 3.13(a)-(c) représentent la modélisation de F par trois modèles qui différent par leur nombre de paramètres. On peut constater que le modèle ayant très peu de paramètres n'a pas assez de flexibilité pour réaliser un apprentissage correct des exemples d'apprentissage. Les erreurs d'apprentissage et de test sont toutes deux importantes: c'est la situation de *sous-apprentissage* (Figure 2.13(c)). En revanche, le modèle constitué de nombreux paramètres, lisse parfaitement les exemples d'apprentissage. Il commet donc une erreur faible sur ces données, mais probablement une erreur plus importante sur les données de test. C'est la situation de *surapprentissage* (Figure 2.13(a)). Finalement, le modèle possédant un nombre de paramètres modéré réalise un bon compromis entre précision d'apprentissage et bonne généralisation (Figure 2.13(b)).

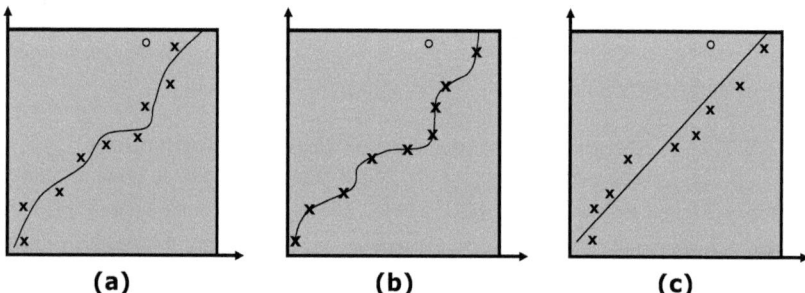

Figure 2. 13 (a) Surapprentissage : l'apprentissage est parfait sur l'ensemble d'apprentissage ('x'), et vraisemblablement moins bon sur le point de test ('o') ; (b) Apprentissage correct : un bon lissage des données ; (c) Sous-apprentissage : apprentissage insuffisant.

2.5.3.3 Mesure de la qualité de la prédiction du réseau de neurones par génération d'intervalle de confiance

Ce paragraphe est consacré au problème d'estimation de l'incertitude attachée à la prédiction. Le rééchantillonnage par Bootstrap a été utilisé pour générer un intervalle de confiance sur la prédiction.

La technique s'appuie sur le fait de pouvoir, par rééchantillonnage dans l'ensemble d'apprentissage, estimer les caractéristiques du phénomène aléatoire qui a engendré ces données. Pour le cas des réseaux de neurones, la totalité de l'ensemble d'apprentissage est néanmoins utilisée grâce à la formation de nombreuses partitions de l'échantillon. L'ouvrage d'Efron et Tibshirani [EFRON et TIBSHIRANI, 1993] détaille de nombreuses applications des techniques de rééchantillonnage.

Soit un échantillonnage $X = \{x^1, x^2, \ldots, x^{n_A}\}$ réalisation d'une distribution F. On souhaiterait estimer un paramètre θ en fonction de X. On calcule pour cela, un estimateur $\hat{\theta} = s(X)$, déduit de X. Quelle est la précision de $\hat{\theta}$? Un bootstrap a été introduit en 1979 comme une méthode d'estimation de l'écart-type de $\hat{\theta}$. Elle présente l'avantage d'être totalement automatique. Les méthodes de Bootstrap dépendent de la notion d'échantillon de Bootstrap. Il s'agit d'une technique d'inférence statistique qui crée un nouvel ensemble d'apprentissage par rééchantillonnage de l'ensemble de départ avec possibilité d'introduire plusieurs fois des exemples.

Soit $\hat{F}$ la distribution empirique, donnant la probabilité $1/n_A$ à toute observation x^i, $i=1,2,\ldots,n_A$. Un échantillon de bootstrap est défini comme un échantillon aléatoire de taille n_A issu de $\hat{F}$: $X_{boot} = \{x^1_{boot}, x^2_{boot}, \ldots, x^{n_A}_{boot}\}$. L'échantillon de bootstrap X_{boot} n'est pas identique à X mais constitue plutôt une version aléatoire, ou ré-échantillonée de X. On effectue un tirage équiprobable avec remise sur tous les points de l'échantillon X. Ainsi, si $X = \{x^1, x^2, x^3, x^4, x^5\}$, un échantillon de bootstrap pourra être formé de $X_{boot} = \{x^1, x^1, x^2, x^5, x^5\}$. Les données de X_{boot} sont issues du fichier original, certaines apparaissant zéro fois, d'autres deux fois, etc. Si $(x^1_{boot}, \ldots, x^B_{boot})$ sont B échantillons de bootstrap générés à partir de X, la distribution de $s(x^1_{boot}), \ldots, s(x^B_{boot})$ approxime la distribution de l'estimateur $\hat{\theta}$. Par exemple, la variance de $\hat{\theta}$ peut être estimée par la variance empirique des $s(x^i_{boot})$ pour $i=1\ldots B$.

L'estimation par intervalle est souvent plus utile que l'estimation par un seul point $\hat{\theta}$. Pris ensemble, ces deux types d'estimation indiquent quel est le meilleur candidat pour θ et quel est le niveau d'erreur raisonnable apporté par cet estimateur. L'application de cette technique de rééchantillonnage à la génération d'intervalle de confiance pour les réseaux de neurones est décrite par Lipmann [LIPMANN et al.,1995]. Elle est illustrée dans la Figure 2.14.

Dans cette approche, B échantillons de bootstrap sont générés à partir de l'ensemble d'apprentissage de départ. Ensuite, B perceptrons multicouches sont générés en utilisant la procédure d'apprentissage décrite précédemment. On utilise comme ensemble d'apprentissage chacun des B ensembles de bootstrap. Quand un nouveau vecteur est présenté au B perceptrons multicouches on calcule les B sorties correspondantes. Ces sorties nous donnent une estimation de la distribution de la prédiction du réseau de neurones.

Ensuite, ces valeurs sont classées par ordre croissant. En se fixant un seuil à 10% et 90%, on peut déterminer un intervalle de confiance. Par exemple, si on prend B = 50, l'estimation du point 10% est la 5ème plus grande valeur et l'estimateur du point 90% est la 45ème plus grande valeur. On estime que les autres valeurs ne sont pas plausibles, elles ne sont donc pas prises en compte pour la génération de l'intervalle de prédiction.

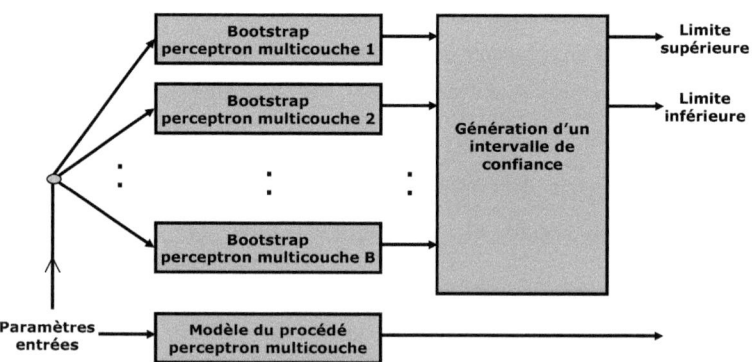

Figure 2. 14 Rééchantillonnage par bootstrap pour la génération d'intervalle de prédiction.

2.6 Les automates à états finis

Les systèmes à événements discrets (SED) recouvrent plusieurs domaines d'application tels que les systèmes de production manufacturière, la robotique, les systèmes de transport, l'informatique, etc., en incluant aussi les procédés de production de l'eau potable. Plusieurs concepts (techniques, théories, méthodes, outils, modèles et langages) ont été élaborés afin d'améliorer la qualité et de maîtriser la complexité croissante de la conception et du développement de ces systèmes.

Un système à événements discrets est un système dynamique défini par un espace d'états discrets et des évolutions, nommées trajectoires, basées sur une succession des états et des transitions. Les transitions sont étiquetées par des symboles, appelés événements, définis avec les éléments d'un alphabet. Une approche courante pour l'étude de ces systèmes consiste à ignorer la valeur explicite du temps et à s'intéresser uniquement à l'ordre d'occurrence des événements [ZAYTOON,2001]. Les modèles non temporisés ainsi obtenus sont généralement élaborés à l'aide des automates à états finis, du grafcet, des réseaux de Petri, etc. Les automates à états finis constituent le modèle de base pour la représentation des SED [HOPCROFT et ULLMAN,1979]. Un automate à états finis peut être décrit par le quadruplet (Q, Σ, A, q_0) avec :

- Q un ensemble fini de sommets représentant les états discrets,
- Σ un ensemble fini de symboles (événements) appelé alphabet,
- A l'ensemble des transitions entre états. Une transition est définie par un triplet (sommet source, événement, sommet but) pour traduire le passage du système d'un état à un autre, suite à l'occurrence d'un événement appartenant à Σ.
- q_0 l'état initial.

La figure 2.15, présente le modèle d'une machine simple à trois états : arrêt (*a*), marche (*m*) et panne (*p*). L'état initial *a* est désigné par la flèche entrante, et il y a quatre transitions associées, chacune à l'un des quatre événements.

Le comportement global d'un système à événements discrets est classiquement décrit par l'ensemble des trajectoires d'événements qui peuvent être exécutées en parcourant l'automate à partir de l'état initial. Cet ensemble correspond à un langage issu de l'alphabet Σ, exprimé par une expression permettant d'agréger les séquences d'événements répétitives. Ainsi, l'expression :

$$(\alpha\beta + \alpha\lambda\mu)^*(\varepsilon + \alpha + \alpha\lambda) \qquad 2.21$$

correspond à l'automate de la figure 2.15 ; ε est une séquence de longueur nulle qui correspond à un événement vide et $(\alpha\beta+\alpha\lambda\mu)^*$ indique que chacune des séquences $\alpha\beta$ ou $\alpha\lambda\mu$ peut être exécutée autant de fois que l'on veut.

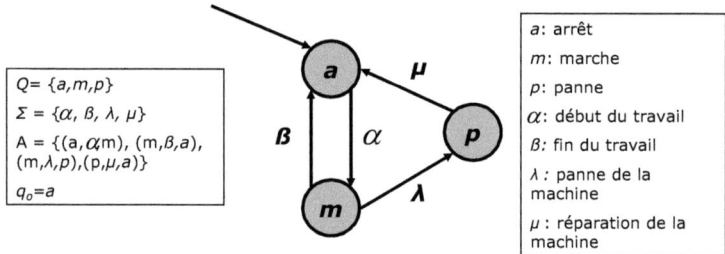

Figure 2. 15 Automate décrivant une machine simple : a) modèle formel, b) représentation graphique

Un des objectifs de notre travail est de mettre en place, à partir des résultats de la classification, un modèle des états fonctionnels et des transitions entre ces états. Pour l'élaboration de ce modèle à états discrets nous devons déterminer les états fonctionnels et identifier les transitions entre ces états. Nous présentons dans le chapitre 5, les résultats de l'application de la méthode de construction de l'automate.

2.7 Evolution de la fonction maintenance

Pendant longtemps, les installations de traitement d'eau n'ont pas été considérées comme des sites industriels à part entière, à ce titre, la maintenance y était traitée de façon accessoire, au risque parfois d'être négligée. Le besoin de maîtriser ce patrimoine à la complexité technique croissante allié au souhait d'une fiabilité toujours plus grande font que la maintenance est maintenant devenue une activité stratégique pour garantir :

➢ La continuité du service et donc la qualité du traitement ;

➢ La rentabilité des investissements, en augmentant la durée de vie des équipements.

L'objectif est simple : optimiser la disponibilité fonctionnelle tout en minimisant le coût d'exploitation global [DEGREMONT, 1995].

Dans la norme AFNOR-NF-X60-010 [AFNOR,1994], la maintenance industrielle peut se décliner sous différentes formes selon les situations. La figure 2.16 montre les différentes formes de maintenance. Elles sont répartis en deux catégories, selon la présence ou non d'une défaillance au moment considéré. On parle de maintenance corrective si une défaillance est a priori présente et de maintenance préventive sinon.

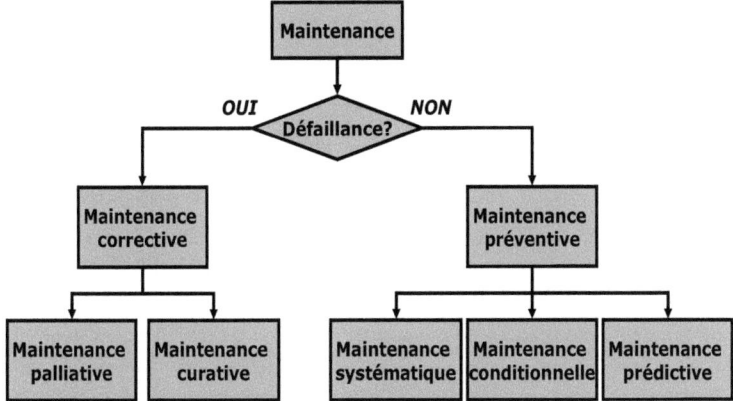

Figure 2. 16 Les différentes formes de maintenance

2.7.1 La maintenance corrective

La maintenance corrective est souvent perçue comme la forme primaire par excellence de la maintenance car l'intervention a lieu « en urgence » une fois la défaillance survenue.

La logique de cette politique de maintenance est assez simple : lorsqu'une machine est défectueuse, il faut la réparer, ce qui sous-entend que si elle fonctionne, on n'y « touche » pas. Sur ce principe, la maintenance corrective regroupe l'ensemble des activités réalisées après la défaillance de l'outil de production. Cette politique regroupe une part importante des opérations de maintenance au cours desquelles le technicien de maintenance joue un rôle important puisque faute d'autodiagnostic (aide à la décision), c'est lui qui établit un diagnostic et décide des actions correctives. Sous cette forme de maintenance, on distingue généralement deux niveaux selon la nature des opérations réalisées. On parle de maintenance palliative lorsque l'intervention a un caractère provisoire dans le sens où elle nécessitera forcément une intervention ultérieure. Par opposition, une opération de maintenance curative se caractérise par la recherche des causes initiales de la défaillance et par la réalisation des opérations visant à rendre le système opérationnel et ainsi éviter toute nouvelle occurrence de cette défaillance.

2.7.2 La maintenance préventive

Par opposition à la maintenance corrective, la maintenance préventive regroupe les opérations de maintenance ayant pour objet de réduire la probabilité de défaillance de l'outil de production, opérations réalisées avant l'occurrence de toute défaillance qui viendrait entraver la production. Ce concept de maintenance est basé sur une inspection périodique de l'outil de production selon des critères prédéterminés, afin de juger de ce bon état de fonctionnement. Parmi les techniques de maintenance préventive, on distingue trois niveaux. En **maintenance préventive systématique**, l'entretien est réalisé selon un échéancier établi sur la base de critères d'usure tels que des heures de fonctionnement ou une quantité produite, qui permettent de déterminer des périodicités d'intervention. Les opérations d'entretien se traduisent par le remplacement systématique d'un certain nombre de composants identifiés par cet échéancier. En **maintenance préventive conditionnelle**, le principe de périodicité des interventions est conservé, mais le remplacement des composants est conditionné par la comparaison du résultat de vérifications permettant d'évaluer le niveau de dégradation à un critère d'acceptation pré-établi. Enfin, la dernière forme de maintenance préventive est connue à la fois sous le nom de **maintenance prévisionnelle et de maintenance prédictive**. Certains auteurs associent parfois à tort la dénomination de maintenance prédictive à la maintenance préventive conditionnelle, or en maintenance prédictive, le principe consiste à assurer un suivi continu, et non plus périodique, de l'état de fonctionnement de l'outil de production. L'objectif de la maintenance prédictive est alors de maîtriser au mieux les comportements passés et présents du système afin de prévoir les défaillances futures, et donc de maîtriser la globalité du processus de dégradation et de réduire les temps d'indisponibilités.

Pour la maintenance d'un outil de production, différentes stratégies de maintenance sont envisageables. Chaque forme de maintenance dispose toutefois de ses avantages et de ses inconvénients. Cependant, en raison de la complexification des systèmes industriels, la tendance actuelle est davantage au développement de la maintenance préventive et surtout de la maintenance prédictive [CART et al.,2001], même s'il y a toujours un compromis à établir en fonction du système surveillé, de la complexité des techniques à mettre en œuvre, et de leurs coûts.

Le développement d'une politique de maintenance prédictive nécessite la mise en œuvre d'un système de diagnostic industriel. L'interprétation du mot diagnostic possède de nombreuses significations suivant les interlocuteurs. Les définitions utilisées ici sont celles établies au sein de la norme AFNOR-NF-X60-010 [AFNOR,1994], qui sont reprises par de nombreux auteurs [ZWINGELSTEIN,1995 ; BERGOT et GRUDZIEN,1995 ; WEBER, 1999]. D'après l'AFNOR, l'opération de diagnostic consiste à identifier la cause probable de la (ou des) défaillance(s) à l'aide d'un raisonnement logique fondé sur un ensemble d'observations provenant d'une inspection, d'un contrôle ou d'un test. Il s'agit donc de travailler sur les relations de causalité liant les effets (symptômes observés sur le système) et les causes (défauts du système). L'objectif d'un système de diagnostic est alors de rendre compte de l'apparition d'un défaut le plus rapidement possible (c'est-à-dire avant qu'il n'entraîne des dommages importants au travers de défaillances). Les trois fonctions du diagnostic peuvent alors être décrites de la manière suivante :

- la **détection** : déterminer la présence ou non d'un défaut affectant le procédé en se basant sur l'analyse des effets sur le système (symptômes),
- la **localisation** : déterminer le type de défaut affectant le procédé en donnant des indications relatives à l'élément en défaut,
- l'**identification** : déterminer exactement la cause de ses symptômes en identifiant la nature du défaut.

2.8 Conclusion

La complexité actuelle des processus et des systèmes lance des défis considérables dans la conception, l'analyse, la construction et la manipulation pour atteindre les objectifs souhaités dans leur opération et leur utilisation tout au long de leur cycle de vie. Dans les processus industriels de production d'eau potable, le contrôle et la maîtrise de ses processus complexes jouent un rôle crucial pour assurer la sécurité du personnel de l'unité et la conservation de l'environnement, ainsi que la fourniture de la quantité d'eau nécessaire à la population.

Dans ce chapitre, nous avons présenté un schéma général de la supervision qui inclut la détection des défaillances, le diagnostic, la reconfiguration du processus et la maintenance. Une description des méthodes de diagnostic a été faite en les classant en deux catégories : les méthodes à base de modèles et les méthodes à base de données historiques. Le choix d'une de ces méthodes dépend essentiellement des connaissances disponibles sur le procédé.

Notre travail porte sur le développement d'un outil d'aide pour la caractérisation et l'identification du comportement de l'unité de production d'eau potable, à partir des données disponibles et qui prenne en compte les connaissances de l'opérateur ou expert. Devant le manque flagrant de modèles mathématiques de l'ensemble des procédés fonctionnant sur la station, notre choix s'est porté sur des techniques qui permettent d'analyser des historiques de ce fonctionnement. Nous nous sommes donc intéressés à un outil pour l'identification des défaillances de processus basé sur des méthodes de classification et reconnaissance de formes. Connaissant les différents travaux effectués au préalable dans le groupe DISCO, nous avons adopté une approche qui utilise la méthode de classification *LAMDA* pour la construction du modèle pour la supervision. Nous avons présenté le logiciel SALSA qui lui est associé et qui permet d'effectuer un apprentissage hors ligne et qui donne à l'opérateur un support pour la prise de décision en temps réel.

Le chapitre 3 est consacré à l'instrumentation de la station ainsi qu'au traitement des données qui seront utilisées par la méthode de diagnostic. Parmi ces traitements, nous proposons de développer un capteur logiciel permettant de prédire en temps réel la dose de coagulant à injecter et qui sera de plus une information supplémentaire utilisée comme donnée d'entrée dans la procédure de diagnostic de l'ensemble de la station SMAPA.

3 INSTRUMENTATION ET DEVELOPPEMENT D'UN CAPTEUR LOGICIEL

3.1 Introduction

Dans ce chapitre, nous nous intéressons au recueil des différentes données et mesures nécessaires pour établir une méthodologie de diagnostic basée sur l'interprétation des informations obtenues sur l'ensemble du procédé de traitement de l'eau à potabiliser.

Dans la première partie, nous détaillons la mesure des différents paramètres spécifiques de l'eau, en particulier ceux relatifs au procédé de coagulation. Ensuite, nous décrivons les différents automatismes mis en œuvre dans une station de traitement d'eau à potabiliser. Finalement, nous présentons la méthodologie développée pour la prédiction de la dose de coagulant, méthodologie utilisant des RNAs. L'information issue de ce capteur logiciel sera ensuite utilisée comme donnée d'entrée dans la procédure de diagnostic de la partie amont de la station de production d'eau potable. Les résultats concernant la construction du module de prédiction de la dose de coagulant, illustrent les deux phases de la conception : l'apprentissage et la reconnaissance ainsi que la qualité de la prédiction par la génération d'intervalles de confiance.

3.2 Mesure des paramètres spécifiques à la production d'eau potable

Ces mesures sont soit réalisées par un capteur, soit le résultat d'un analyseur « en ligne » [DEGREMONT,2005]. Les paramètres usuels sont principalement les débits, les niveaux de liquide ou de solides, les pressions, les températures. Dans toute installation de production d'eau potable ou de traitement d'eaux polluées, la connaissance du débit est impérative. De plus, le traitement de l'eau conduit à lui ajouter un certain nombre de réactifs. La bonne conduite d'une installation de filtration nécessite la connaissance permanente de l'état des filtres. La mesure de la température est essentielle, elle est souvent utile pour les réacteurs biologiques, et quelque fois pour l'opération de coagulation-floculation.

La majeure partie des mesures de débit s'effectue en tuyauterie fermée. Elle est réalisée différemment suivant le type de fluide (eau brute ou eau traitée) et selon la gamme de débit. La mesure de perte de charge est cruciale pour la conduite du procédé de filtration. La température de l'eau est généralement mesurée à l'aide d'un thermomètre à résistance afin de pouvoir être transmise à distance.

La mesure en continu d'un certain nombre de paramètres spécifiques permet de libérer l'opérateur de l'astreinte d'analyse de routine et d'optimiser les traitements en réduisant le temps de réponse. La turbidité est le paramètre le plus important dans le procédé. Elle permet de rendre compte de la transparence d'un liquide due à la présence de matières en suspension non dissoutes. En plus, elle permet de connaître le degré de pollution physique des eaux à traiter ainsi que la qualité d'une eau destinée à la consommation humaine. Des corrélations sont souvent établies entre turbidité, matières en suspension, solides totaux et couleur. La mesure en continu du *pH* d'une eau, est en particulier utilisable pour le contrôle de la coagulation-floculation, de la désinfection, etc. La mesure de l'alcalinité et de la dureté de l'eau permet de rester à l'équilibre calco-carbonique de l'eau et donc d'éviter la corrosion des canalisations. Le contrôle habituel de la désinfection se fait par mesure de la quantité résiduelle de l'agent désinfectant : chlore, ozone, etc.

Dans les appareils utilisés pour la mesure des paramètres spécifiques de l'eau, les différentes méthodes d'analyse sont mises en œuvre de façon automatique [DEGREMONT,2005]. On peut classer ces différents appareils en deux grandes catégories : celle des capteurs physiques et celle des analyseurs chimiques qui réalisent préalablement à toute mesure, une ou plusieurs réactions chimiques.

Le tableau 3.1, montre des exemples d'utilisation de mesure dans une station de traitement d'eau à potabiliser [DEGREMONT,2005].

Par rapport à la qualité de capteurs, il est essentiel d'assurer le fonctionnement correct de l'ensemble d'une boucle de mesure en continu. L'information ainsi délivrée, surtout si elle est utilisée dans une régulation automatique ou comme entrée d'un modèle, doit être la plus représentative possible de la valeur vraie du paramètre mesuré et être très fiable [VALIRON,1990].

Tableau 3.1 : Exemples d'utilisation de mesure dans une station

Paramètres	Domaine d'application	Objet de la mesure
Préleveur automatique	Sur eau brute et eau traitée	Contrôle de la qualité en entrée et sortie
Mesure du *pH*	À tout niveau du traitement	Régulation du *pH*
Mesure de l'ozone	Désinfection par l'ozone	Régulation de l'injection d'ozone
Mesure du chlore	Désinfection par le chlore	Régulation de l'injection de chlore
Mesure de la turbidité	À tout niveau du traitement	Contrôle de la qualité en entrée et sortie
Mesure des particules	Après filtration	Contrôle de la qualité en sortie d'usine
Mesure de la dureté	Décarbonatation	Contrôle de la qualité de l'eau

3.3 Automatismes dans une station de production d'eau potable

Dans les usines de production d'eau potable, l'évolution de la qualité de la matière première qu'est l'eau brute est généralement relativement lente. Les variations des quantités à traiter, qui dépendent de la demande en eau potable, sont en revanche souvent importantes et le débit est généralement un paramètre clé dans l'automatisation des installations.

L'inertie de la plupart des traitements biologiques mis en œuvre, la complexité des phénomènes de coagulation-floculation rendent parfois difficile la régulation des procédés. Mais la progression des connaissances ainsi que des technologies de mesure permettent d'accroître graduellement les possibilités de modélisation grâce à l'apparition des techniques connexionnistes très bien adaptées pour la modélisation de tels procédés fortement non linéaires.

L'usine entièrement automatisée sans intervention humaine n'existe pas cependant. Même si aucun personnel d'exploitation n'est présent en continu sur certains sites, des agents sont nécessaires pour assurer la maintenance, certaines tâches de réglage, l'établissement de diagnostic sur des périodes plus ou moins longues. Toutefois, un grand nombre de fonctions automatiques sont déjà réalisées couramment dans les installations de production d'eau potable. Les plus courantes sont présentées dans le tableau 3.2. On constate que la majorité des régulations sont liées au débit d'eau. En particulier, pour la régulation du pompage de l'eau traitée, un modèle expert basé sur la prévision de la consommation permet d'optimiser les niveaux des réservoirs. Dans le paragraphe suivant, nous nous intéressons plus particulièrement au procédé de coagulation qui a fait l'objet de l'étude rapportée dans ce chapitre.

Tableau 3.2 : Principaux automatismes dans une station de production d'eau potable

Fonction automatisée	Paramètres de Référence	Moyen	Observations
Pompage eau brute	Mesure du niveau de la bâche d'eau traitée	Variation du débit (débit maximum la nuit) [DAGUINOS et al.,1998]	
Pompage eau traitée	Niveaux des réservoirs et prévision de la consommation	Modèle mathématique pour déterminer les consignes en fonction de la prévision de la consommation [FOTOOHI et al.,1996]	Relativement complexe.
Débit réactif (coagulant, acide, etc...)	Débit eau	Proportionnalité au débit, la dose étant généralement fixée pour la coagulation par essai Jar-Test	
Dose de réactifs (débit de réactif/débit d'eau brute)	Divers paramètres de qualité de l'eau brute : turbidité, pH, température, etc.	Algorithme spécifique	Etude spécifique
Extraction des boues de décantation	Débit d'eau et concentration des boues extraites	Extraction continue avec arrêt si seuil bas de concentration de boue	
Lavage des filtres	Perte de charge et temps de filtration	Automate programmable avec gestion des priorités	
Régulation Filtre	Niveau d'eau dans le filtre.	Régulation spécifique avec démarrage lent	
Désinfection chlore	Concentration résiduelle de chlore	Régulation spécifique pour maintenir une consigne de concentration en chlore constante [RODRIGUEZ et al.,1996]	
Désinfection ozone	Débit d'eau et concentration résiduelle d'ozone	Régulation spécifique	

3.4 Développement du capteur logiciel pour la prédiction de la dose de coagulant

3.4.1 Méthode actuellement utilisée sur le procédé de coagulation

La dose optimale de coagulant est, traditionnellement, déterminée à l'aide d'un essai expérimental appelé « Jar-Test ». Il consiste à mettre dans une série de béchers, contenant la même eau brute, des doses croissantes de coagulant et de faire l'essai de coagulation [BOMBAUGH et al.,1967; BRODART et al.,1989]. Après quelques instants, on procède sur l'eau décantée, à toutes les mesures utiles de qualité (turbidité, matières organiques, *pH*, etc.,). La dose optimale est déterminée en fonction de la qualité des différentes eaux comparées. La fréquence de ces Jar-Tests est souvent irrégulière. En général, sur les usines importantes un seul essai est effectué par jour.

L'opérateur fera un nouvel essai entre temps pour changer la dose de coagulant uniquement si la qualité traitée se dégrade. L'inconvénient de cette technique est qu'elle nécessite l'intervention de l'opérateur. De plus, les problèmes rencontrés sont souvent soit un sur-dosage (ajout d'une quantité excessive de coagulant, qui, si elle a le mérite de permettre la coagulation, augmente cependant le coût de l'opération et dégrade fortement l'environnement) soit un sous-dosage qui est synonyme d'un mauvais respect des spécifications imposées à la station. On voit ici tout l'intérêt de disposer d'un contrôle efficace de ce procédé pour assurer une meilleure efficacité du traitement et une réduction des coûts d'exploitation mais surtout une protection de l'environnement par la maîtrise des quantités de coagulant ajoutées (ne rajouter que le nécessaire). Pour ce faire, la modélisation du procédé en utilisant la mesure en ligne des paramètres descripteurs de la qualité de l'eau brute peut être la réponse comme méthode pour la détermination automatique de la dose de coagulant à injecter.

3.4.2 Modélisation du procédé de coagulation

Expérimentalement, on a pu constater que la relation entre la dose de coagulant et les caractéristiques de l'eau brute est fortement non-linéaire. Il n'existe pas à l'heure actuelle de modèle de connaissance permettant d'exprimer les phénomènes physiques et chimiques mis en jeu. La seule solution pour l'établissement de ce modèle c'est d'avoir recours à une modélisation de type comportemental. Parmi les différents types de modèle de comportement possibles, le modèle à base de réseaux de neurones possède l'avantage de pouvoir intrinsèquement décrire des relations non-linéaires entre les variables d'entrées d'un système et celles de sortie. Durant ces dix dernières années, un certain nombre de modèles basés sur les réseaux de neurones artificiels (RNA) ont été développés et appliqués pour la prédiction de la dose de coagulant dans le processus de production d'eau [BABA et al.,1990 ; COLLINS et al.,1992 ; COX et al.,1994 ; MIRSEPASSI et al.,1997 ; GAGNON et al.,1997 et YU et al.,2000]. Quelques études récentes [VALENTIN, 2000 ; LAMRINI et al., 2005] ont montré l'efficacité potentielle de cette approche. Notre travail concerne le développement d'un tel capteur à partir de la donnée des caractéristiques de l'eau brute telles que la turbidité, le pH, la température, etc. L'aspect novateur de ce travail réside dans l'intégration de diverses techniques dans un système global comprenant le contrôle automatique de la coagulation, et la possibilité d'intégration de la dose de coagulant calculée par le réseau comme une entrée du système de diagnostic de l'ensemble de la station. De plus, le développement de ce capteur a été précédé d'une analyse statistique (Analyse en Composantes Principales), permettant de déterminer les corrélations existant entre les variables caractéristiques de l'eau brute et la dose de coagulant puis de ne conserver que les caractéristiques apportant réellement une information pertinente. La méthodologie que nous proposons d'utiliser pour la conception du capteur logiciel basé sur les réseaux de neurones avec l'analyse en composantes principales est représentée sur la figure 3.1.

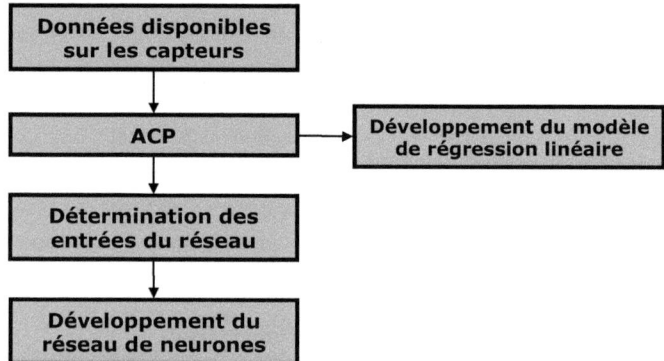

Figure 3. 1 Méthode pour le contrôle automatique du procédé de coagulation

3.4.3 Application de la méthodologie pour la prédiction de la dose de coagulant

3.4.3.1   Mesures disponibles sur la station SMAPA

La station SMAPA de production d'eau potable à Chiapas, est alimentée principalement par les fleuves Grijalva et Santo Domingo. Ils apportent 1200 l/s qui représentent 87% du total de la captation. Il existe actuellement deux pompes et trois lignes avec une longueur approximative de 11 kilomètres chacune. La station a une capacité de production de 800 l/s et alimente, via un réseau interconnecté, près d'un million d'habitants.

Pour chaque échantillon ou individu, on possède les résultats de la mesure en ligne de différentes caractéristiques de l'eau brute mais aussi d'analyses chimiques et physiques effectuées hors-ligne qui constituent un ensemble de 9 descripteurs de la qualité de l'eau brute: température (TEMP), couleur (C), turbidité (TUR), solides totaux (ST), matière organique (MO), *pH*, bicarbonate (B), chlorure (CL), dureté totale (DT). De plus, nous disposons de la dose de coagulant (DOSE) optimale injectée sur l'usine en continu. Cette dose de coagulant est déterminée par des essais jar-test effectués en laboratoire, elle est réactualisée par l'opérateur une fois par jour. Elle peut également être réactualisée plus fréquemment s'il y a une forte variation de la qualité de l'eau brute.

Des statistiques descriptives simples des données brutes sont présentées dans le tableau 3.3. Il faut noter que ce jeu de données couvre une période de cinq ans (2000-2004) et reflète de manière acceptable, les variations saisonnières de la qualité de l'eau brute. Nonobstant, il sera sans doute nécessaire d'effectuer un réapprentissage périodique du système pour prendre en compte les différentes situations susceptibles d'être rencontrées, et pour permettre l'adaptation continue du système à toute évolution de la qualité de l'eau brute.

Tableau 3.3 Résumé statistique des paramètres de l'eau brute sur SMAPA

Propriété	Temp (°C)	Couleur (Pt-Co)	Turbidité (NTU)	S.Totaux (ppm)	Mat.Org. (ppmO$_2$)	pH (pH)	Bicarb. (ppm)	Chlorure (ppm)	DuretéT (ppm)	Dose (mg/l)
Maximum	30	380	1948	1624	40	8,59	314	180	420	390
Minimum	19	1	1,8	296	0,9	7,5	106	14	113	4
Moyenne	24,96	19,42	76,36	602,4	3,28	8,26	190	47,13	257,39	48,22
Ecarttype	2	37,32	184,28	134,45	3,77	0,14	21,07	22,17	43,71	49,7

La figure 3.2 présente l'évolution des différents paramètres mesurés en continu, de la qualité de l'eau au cours du temps. Les mesures sont affichées en fonction de leur date d'acquisition. L'évolution de la dose optimale de coagulant au cours du temps est également présentée sur la Figure 3.3. On constate de fortes variations de la turbidité durant la saison d'été. On remarque aussi que la turbidité, le pH, la couleur, et la dose de coagulant sont fortement dépendants des phénomènes saisonniers. On voit ici tout l'intérêt de disposer d'au moins un an d'archives de données pour déterminer un modèle de prédiction fiable capable de fonctionner sur une année complète.

Une première analyse a consisté à effectuer une ACP afin de déterminer quelles sont les variables qui influent le plus sur la dose de coagulant. Cette analyse nous permettra de sélectionner les variables pertinentes à utiliser en entrée du réseau de neurones pour la prédiction du taux de coagulant.

3.4.3.2 Sélection des variables d'entrée en utilisant l'ACP

Le prétraitement des données en utilisant l'Analyse en Composantes Principales consiste à recueillir les différentes informations suivantes : la matrice de corrélations, les valeurs et l'histogramme des valeurs propres et le cercle de corrélation.

> **La matrice de corrélations (voir tableau 3.4).**

Dans le tableau 3.4, ont été reportées les corrélations entre variables pour les 4 premières composantes principales. On peut observer qu'il existe une forte corrélation entre des variables de deux groupes différents. Un groupe de 5 variables (la turbidité, la couleur, les solides totaux, la matière organique et la dose de coagulant) et l'autre de 3 variables (le bicarbonate, le chlorure et la dureté total). Le *pH* et la température ne sont pas corrélés avec d'autres variables. La dose de coagulant est une variable passive.

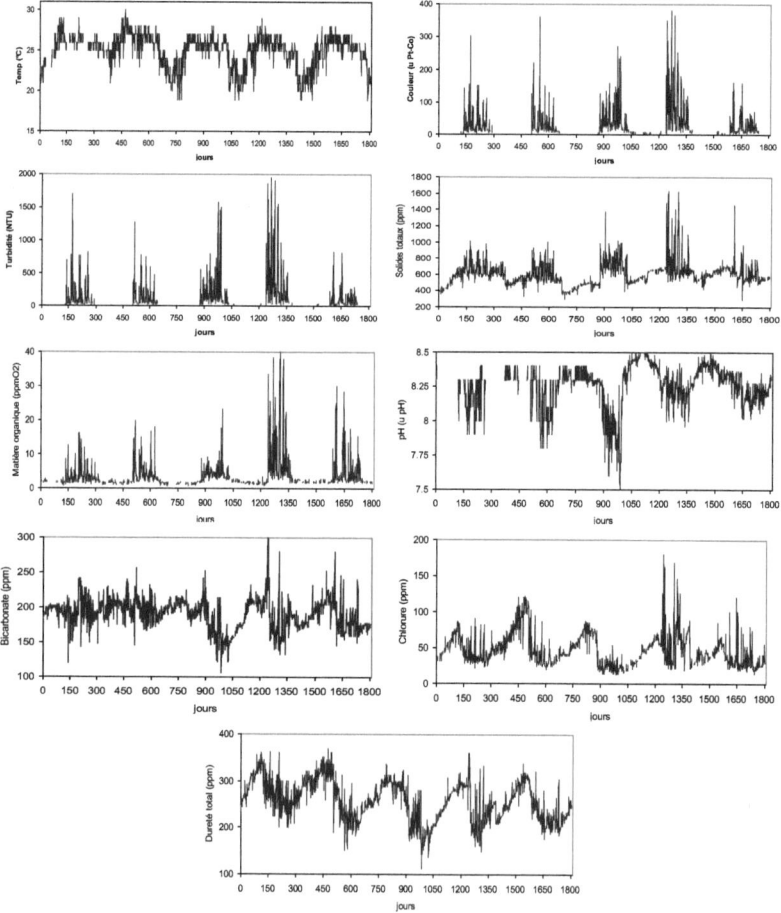

Figure 3. 2 Evolution des paramètres descripteurs de l'eau brute au cours de temps

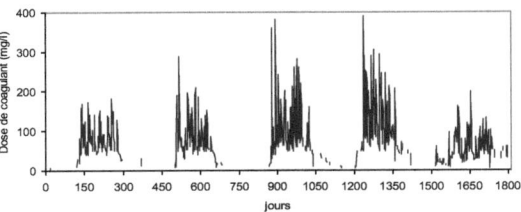

Figure 3. 3 Evolution de la dose de coagulant appliquée sur la station au cours de temps

Tableau 3.4 Corrélations entre variables

Variable	Fact.1	Fact.2	Fact.3	Fact.4
Température (TEMP)	0,131	0,229	0,863	0,180
Couleur (C)	0,354	0,250	-0,232	0,236
Turbidité (TUR)	0,349	0,251	-0,270	0,306
Solides Totaux (ST)	0,393	0,102	0,097	-0,116
Matière organique (MO)	0,374	0,109	-0,159	0,062
pH	-0,216	-0,176	-0,207	0,616
Bicarbonate (B)	0,214	0,506	-0,191	-0.479
Chlorure (CL)	-0,267	0,455	0,084	0.436
Dureté Total (DT)	-0,274	0,540	-0,066	-0,034
DOSE	0,375	0.121	-0.057	-0.006

> **Les valeurs et l'histogramme des valeurs propres**

L'Analyse en Composantes Principales appliquée sur l'ensemble de ces données a fourni le tableau et l'histogramme donnés sur la figure 3.4. On peut remarquer la décroissance rapide des valeurs propres (figure 3.4). Seules les quatre premières composantes représentent une prise en charge de plus de 88.00 % de l'inertie. L'ensemble des 10 variables est susceptible d'être simplifié et remplacé par les 4 nouvelles variables représentées par les 4 premiers axes principaux.

En résumé, l'axe 1 qui représente 54,45% de l'inertie totale est défini positivement et d'une façon nette par 5 variables très groupées Couleur, Turbidité, Solides Totaux, Matières Organiques et Dose de Coagulant. L'axe 2 (18,11%) est défini par 3 variables fortement corrélées: Dureté Totale, Chlorure et Bicarbonate. L'axe 3 (10,09%) représente la température qui lui est liée positivement. L'axe 4 (5,35%) représente la variable *pH* (les autres variables étant regroupées dans les 3 premières directions car fortement corrélées entre elles).

#	Valeur	Pourcent	Cumul
1	5.446	54.455	54.455
2	1.812	18.116	72.571
3	1.010	10.099	82.670
4	0.535	5.354	88.024
5	0.420	4.197	92.221
6	0.250	2.500	94.721
7	0.218	2.180	96.901
8	0.154	1.541	98.442
9	0.090	0.900	99.342
10	0.066	0.658	100.000

Figure 3. 4 Valeurs et histogramme des valeurs propres des composantes

> **Le cercle de corrélation**

Il est plus intéressant de visualiser les corrélations entre variables et les composantes principales sur le cercle de corrélation montré sur la figure 3.5. Il permet de comparer le comportement d'une variable vis-à-vis de l'ensemble des autres variables. La représentation dans le cercle laisse apparaître deux groupes de descripteurs dont le comportement du point de vue de leur variation est très proche vis-à-vis de l'ensemble des autres variables (dureté totale – chlorure - Bicarbonate et couleur – turbidité - solides totaux - matière organique - dose).

La température et le *pH* présentent un comportement indépendant vis à vis des autres variables et devraient, en toute vigueur, ne pas être éliminées pour expliquer parfaitement les variations du système.

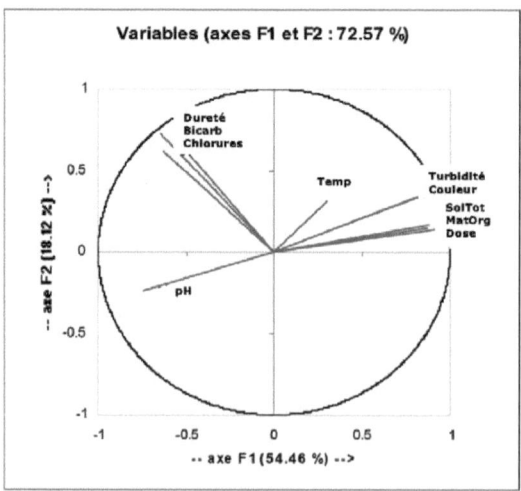

Figure 3. 5 Cercle de corrélation dans le plan 1-2.

De cette étude, on peut conclure que pour prédire la dose de coagulant en fonction des caractéristiques de l'eau et que celles-ci soient en plus facilement mesurables en continu, on peut ne garder que les variables Turbidité, Dureté Totale, Température et *pH*.

3.4.3.3 Prédiction de la dose de coagulant en utilisant les RNAs

Pour la construction de la base d'apprentissage du perceptron multicouche nous avons un ensemble de données, couvrant 2 années de fonctionnement, constitué de 725 échantillons (de janvier 2002 à fin décembre 2003), correspondant aux 4 descripteurs ((TUR, DT, TEMP et *pH*) en plus de la dose de coagulant appliquée.

L'analyse préliminaire en composantes principales a permis déjà de restreindre le nombre de neurones de la couche d'entrée à 4 (figure 3.6).

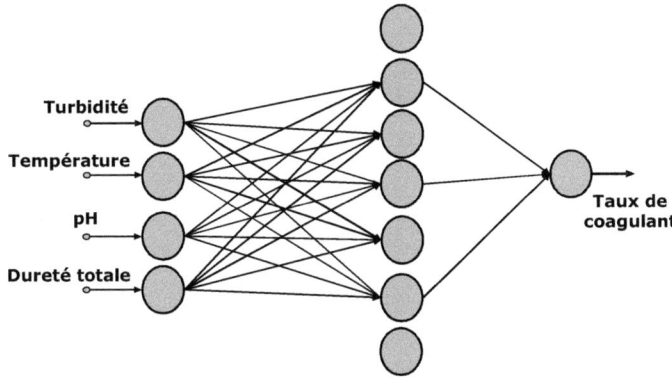

Figure 3. 6 Architecture du Perceptron multicouche

L'ensemble des 725 échantillons a été séparé en deux. Un total de 363 échantillons a ont été utilisé pour l'apprentissage afin de déterminer le modèle (données d'apprentissage) par minimisation des critères *MSE/ME*. Le reste (362 échantillons) a été utilisé comme ensemble de test.

L'apprentissage a été réalisé sur le premier jeu de donnés couvrant la première année (2002).

Pour déterminer le nombre de neurones de la couche cachée (critère *MSE/ME*), on a augmenté progressivement le nombre de neurones dans cette couche jusqu'à atteindre la précision voulue et en même temps pour éviter un sur-apprentissage qui détériorerait les performances en généralisation (prédiction pour des valeurs des entrées autres que celles utilisées dans la base d'apprentissage), nous avons arrêté l'apprentissage lorsque les valeurs des critères *MSE/ME* calculées sur des données de test sont les plus petites. Cette procédure est décrite dans l'annexe C.

Sur la figure 3.7a, nous donnons les résultats des évolutions des deux critères *MSE* et erreur moyenne (ME) pour une valeur du nombre de neurones dans la couche cachée (20) et en fonction du nombre d'itérations. Sur la figure 3.7b, nous donnons les résultats de la méthodologie en terme de valeurs des critères en fonction du nombre de neurones dans la couche cachée pour un nombre d'itérations fixé. De la figure 3.7, il ressort que le réseau offrant le meilleur compromis est celui qui possède 20 neurones dans la couche cachée et dont les valeurs des poids des connections sont celles trouvées après 50 itérations.

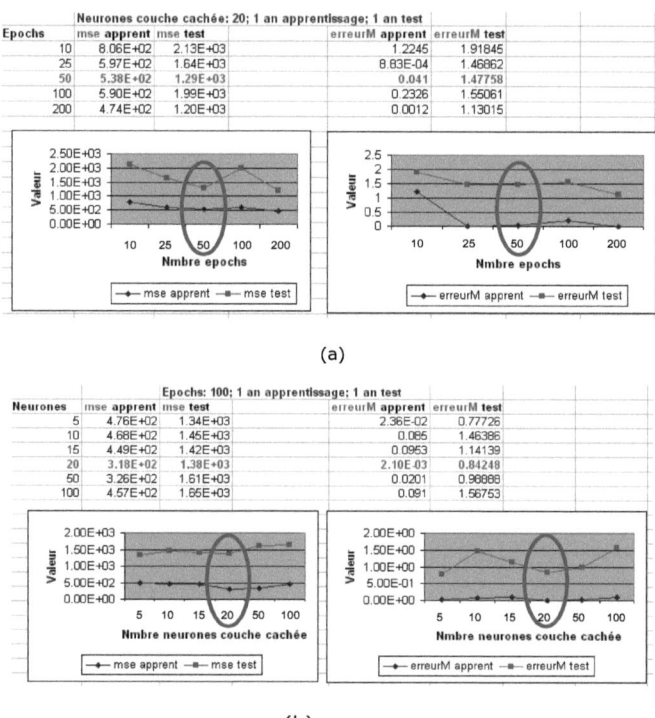

Figure 3. 7 Valeurs des critères (*MSE*) et de l'erreur moyenne pour la détermination du nombre d'itérations (a) et du nombre de neurones dans la couche cachée (b)

Les résultats de prédiction ponctuelle obtenus sur l'ensemble de test indépendant sont illustrés sur la figure 3.8. Il montre la sortie calculée par le réseau neuronal et la dose réellement appliquée (valeur cible) dans le cas du test du réseau pour l'année 2003. On remarque que la réponse du réseau (ligne pointillée) est très proche de la sortie cible.

L'erreur moyenne (ME) représentée par le critère C calculé par le réseau est de 0.210 lors de l'apprentissage, alors que celle calculée sur les données de test (année 2003) est 0.84.

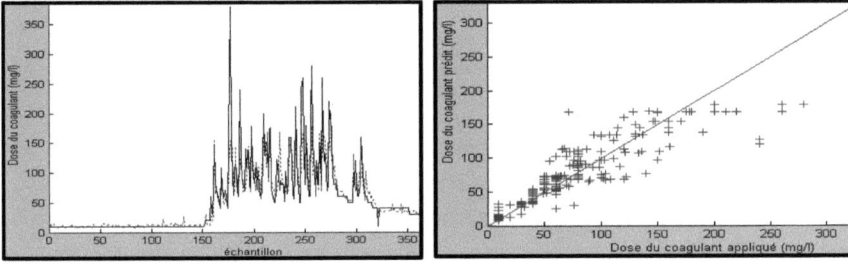

Figure 3. 8 Dose de coagulant appliquée et dose de coagulant prédite (ligne pointillée et +) avec le perceptron multicouche sur l'ensemble de test

L'Analyse en Composantes Principales permet de calculer la dose de coagulant comme une fonction linéaire des 4 entrées sélectionnées. Il est en effet possible de développer un modèle de régression linéaire à partir des résultats de cette analyse afin de comparer ses prédictions à celles provenant du modèle par perceptron multicouche. La figure 3.9 montre la sortie du modèle linéaire déterminée sur le même ensemble d'apprentissage que le perceptron multicouche. La précision de la prédiction est clairement inférieure à celle du perceptron multicouche ce qui confirme la forte non-linéarité du procédé.

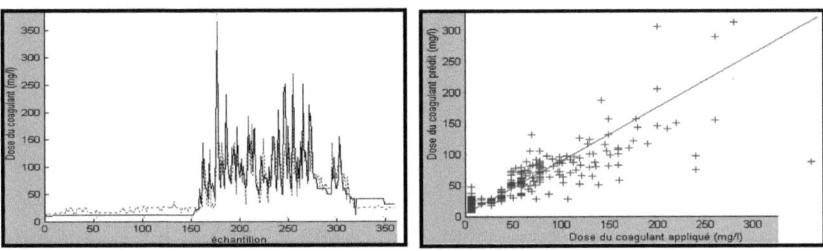

Figure 3. 9 Dose de coagulant appliquée et dose de coagulant prédite (ligne pointillée et +) avec le modèle de type linéaire sur l'ensemble de test

Le tableau 3.5, illustre cette comparaison en termes de facteur de corrélation et de critère.

Tableau 3.5 : Résultats de la comparaison modèle par réseaux de neurones et modèle par régression linéaire

Indices de comparaison	RNA	Régression linéaire
R^2 sur les données d'apprentissage	0.97	0.72
R^2 sur les données de test	0.96	0.61
Critère *MSE* sur les données d'apprentissage	619.7	859.3

Un volet important du développement d'un capteur logiciel est de pouvoir quantifier ses capacités de prédiction. Cette qualité de prédiction pourrait être mesurée en terme de robustesse aux différentes erreurs de modélisation. Pour estimer cette incertitude de prédiction, nous utilisons une approche basée sur le rééchantillonnage de la base d'apprentissage par bootstrap (§ 2.5.3.3). Nous générons 50 ensembles de bootstrap à partir de l'ensemble d'apprentissage (363 échantillons). 50 perceptrons multicouches sont ensuite générés en utilisant la procédure d'apprentissage décrite précédemment en utilisant comme ensemble d'apprentissage chacun des 50 ensembles de bootstrap. Ensuite, pour chaque vecteur d'entrée on calcule la sortie ponctuelle prédite ainsi que les 50 sorties de chaque perceptron multicouche. Ces différentes sorties nous donnent une estimation de l'incertitude liée à la prédiction que l'on peut exprimer sous forme d'intervalle. La Figure 3.10, montre les résultats de la prédiction ponctuelle et l'intervalle de confiance ainsi obtenus sur l'ensemble de test.

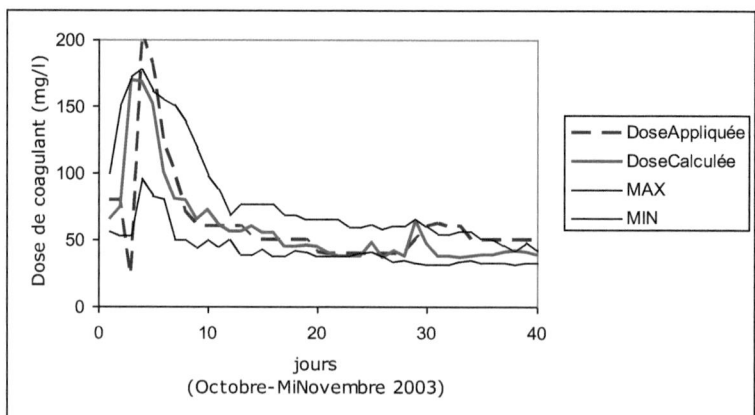

Figure 3. 10 Dose de coagulant appliquée et dose de coagulant prédite avec le perceptron multicouche sur l'ensemble de test (oct-Minov 2003) et l'intervalle de confiance (MAX et MIN)

A ce stade, il est intéressant de comparer les résultats que nous avons obtenus avec ceux présentés par [VALENTIN,2000] et [LAMRINI et al.,2005]. Dans les deux cas, les réseaux de neurones développés sont du type Perceptron Multicouche. Leur architecture est similaire à celle que nous avons proposée. Il est intéressant de s'attarder sur cette structure. En particulier, on remarque que les entrées des réseaux sont très similaires. Valentin [VALENTIN,2000] a choisi comme entrées de ce réseau : la turbidité, la conductivité, le pH, la température, l'oxygène dissous et l'absorption UV. Dans l'étude menée par [LAMRINI et al.,2005] on retrouve la turbidité, la conductivité, le pH, la température, l'oxygène dissous. On voit donc qu'il y a 5 entrées communes. La seule différence est dans la mesure de l'absorption UV. Si on reprend l'étude menée par [LAMRINI et al.,2005], il apparaît que cette grandeur n'était pas disponible dans les données initiales de la base d'apprentissage. Dans notre cas, nous avons comme variables d'entrée : la turbidité, la dureté totale, la température et le pH. Nous ne disposons pas de l'enregistrement de la conductivité dans les données fournies par la station SMAPA, néanmoins on peut la rapprocher de la variable dureté totale. Il manque donc la mesure de l'oxygène dissous commune aux deux autres réseaux. Comme précédemment nous ne disposons pas de cette information sur la station SMAPA. Il serait donc intéressant de pouvoir équiper cette station de ce capteur. Néanmoins, avec une information en moins, le capteur logiciel développé donne des résultats satisfaisants. Le plus intéressant dans ces résultats est qu'ils montrent qu'il existerait une structure générique pour ce type de capteur liée plus au type d'opération (la coagulation) qu'à l'unité elle-même puisque ces capteurs ont des architectures similaires alors qu'ils ont été développés pour des unités situées en France, au Maroc et au Mexique donc pour des eaux brutes relativement différentes. Une étude intéressante serait de développer un capteur logiciel à l'aide de données d'un site et de le tester sur les données provenant d'un autre site. Ceci n'a pu être effectué ici car les entrées bien que similaires n'étaient pas totalement identiques. Les études futures dans ce domaine devraient viser à développer une sorte de capteur universel car la possession d'un capteur générique serait un atout important pour les industriels de la production d'eau potable.

3.5 Conclusion

Dans ce chapitre nous avons abordé les aspects liés à l'instrumentation d'une usine de production d'eau potable.

Après avoir exposé les caractéristiques du procédé de coagulation, il est apparu clairement que pour pallier les déficiences humaines, les retards et la non reproductibilité des analyses effectuées hors ligne, il était souhaitable de posséder un moyen de détermination automatique de la dose de coagulant à injecter. Devant un manque cruel de modèle de connaissance relatif aux différents mécanismes mis en jeu lors de la coagulation, notre choix s'est porté sur le développement d'un modèle comportemental. La relation entre la dose de coagulant et les différentes caractéristiques de l'eau brute, de nature non linéaire, nous a conduit à adopter un réseau de neurones multicouche. La sélection des entrées du réseau a été effectuée en utilisant la technique statistique par Analyse en Composantes Principales qui permet d'éliminer les informations redondantes et de restreindre le nombre des variables d'entrée à celles les plus pertinentes. La construction du perceptron multicouche a obéi à l'objectif qui est de déterminer la meilleure architecture possible et le meilleur jeu de poids au sens d'un critère donné tout en conservant les capacités de généralisation du réseau. Nous avons pour ce faire adopté une procédure itérative qui permet d'augmenter progressivement le nombre de neurones dans la couche cachée jusqu'à obtention de la précision voulue, tout en maintenant la capacité de généralisation du réseau et en arrêtant la procédure d'apprentissage, lorsque les valeurs des poids conduisaient à des performances moins bonnes en test.

Le test du réseau ainsi obtenu, sur des données expérimentales provenant des historiques de la station a démontré l'efficacité de cette approche [HERNANDEZ et LE LANN, 2006]. La comparaison des résultats obtenus par ce réseau avec ceux issus d'une régression linéaire a démontré que le choix d'un RNA au lieu d'une régression linéaire était amplement justifié. D'ailleurs, le capteur logiciel est bien adapté à différentes variations de la qualité de l'eau brute (cas de fortes variations de la turbidité). Cette étude permettra à terme de remplacer les dosages manuels effectués par l'opérateur de la station SMAPA. Il faut cependant noter, que la confirmation définitive de cette approche pourra être obtenue qu'au terme d'une validation sur site, sur une période suffisamment longue.

Dans les chapitres suivants, nous allons proposé d'établir une méthodologie de diagnostic basée sur l'interprétation des informations obtenues sur tout l'ensemble du procédé de production d'eau potable en y incluant la valeur de la dose de coagulant calculée par le capteur logiciel présenté précédemment.

4 METHODOLOGIE GENERALE POUR LA SURVEILLANCE DES PROCEDES DE PRODUCTION D'EAU POTABLE

4.1 Introduction

La maintenance préventive des usines industrielles et des ressources de production exige une surveillance et une localisation des défaillances afin de prévoir et d'optimiser un arrêt de production dû à un défaut critique. Plusieurs méthodes de diagnostic permettent de résoudre ce problème de détection et d'isolement. Certaines d'entre elles sont bien adaptées à un type de processus et d'autres sont inadaptées.

Un système de surveillance doit permettre de rendre compte de l'état d'un procédé à tout moment. Notre objectif principal est de développer une méthode de diagnostic à partir des données historiques et des données enregistrées en ligne lors de l'exploitation du procédé. Cette méthode doit être capable d'identifier des situations anormales issues des dysfonctionnements et de détecter des besoins de maintenance, pour aider à l'opérateur de la station dans sa prise de décisions. C'est-à-dire, qu'elle doit permettre d'identifier clairement, les défaillances du processus surveillé en diminuant le nombre de fausses alarmes et prédire la maintenance des différentes unités de la station de production de l'eau potable. Pour assurer cette fonction, il est évident que l'on doit disposer d'un certain nombre d'informations sur le système dont on assure le fonctionnement.

Dans la première partie de ce chapitre, nous présentons la description de la méthodologie de diagnostic qui se compose de trois parties : le prétraitement des données, l'établissement du modèle de comportement hors ligne et le diagnostic en ligne. Ensuite, nous décrivons une stratégie pour la validation des transitions des différents états du modèle proposé.

4.2 Description générale de la méthode pour la surveillance de la station SMAPA

La figure 4.1 illustre le schéma général de la méthode de diagnostic que nous proposons. Elle est basée sur l'analyse d'informations disponibles issues des capteurs équipant le processus de production d'eau potable.

Cette méthode est basée sur l'analyse de données historiques et renferme quatre étapes différentes : deux étapes hors ligne dans lesquelles les données sont prétraitées et analysées pour l'obtention du modèle comportemental de la station SMAPA, une troisième étape est l'analyse du comportement du processus obtenu où les données en ligne sont utilisées pour déterminer l'état courant attendu. La dernière étape est celle consacrée à la validation des transitions entre états fonctionnels. Une stratégie a été développée à partir de l'analyse des Degrés d'Adéquation Globale (*DAG*s) issus de l'apprentissage et de la reconnaissance permettant de valider ces transitions. Dans la suite, nous présentons une description détaillée de chaque étape.

4.2.1 Prétraitement des données en utilisant ABSALON (ABStraction Analysys ON-line)

Avant d'appliquer la méthode de classification pour obtenir les classes qui permettent d'identifier les états fonctionnels représentatifs de la station, les données doivent être mises en forme [HERNANDEZ et LE LANN, 2004]. C'est l'étape que nous présentons ici comme étant le prétraitement des données. Parfois, les mesures des capteurs ne permettent pas de définir les caractéristiques représentatives des différents états de fonctionnement. Si le prétraitement des données est indispensable pour extraire les informations, il est nécessaire de conserver l'interprétabilité des caractéristiques, tant pour la détection que pour le diagnostic.

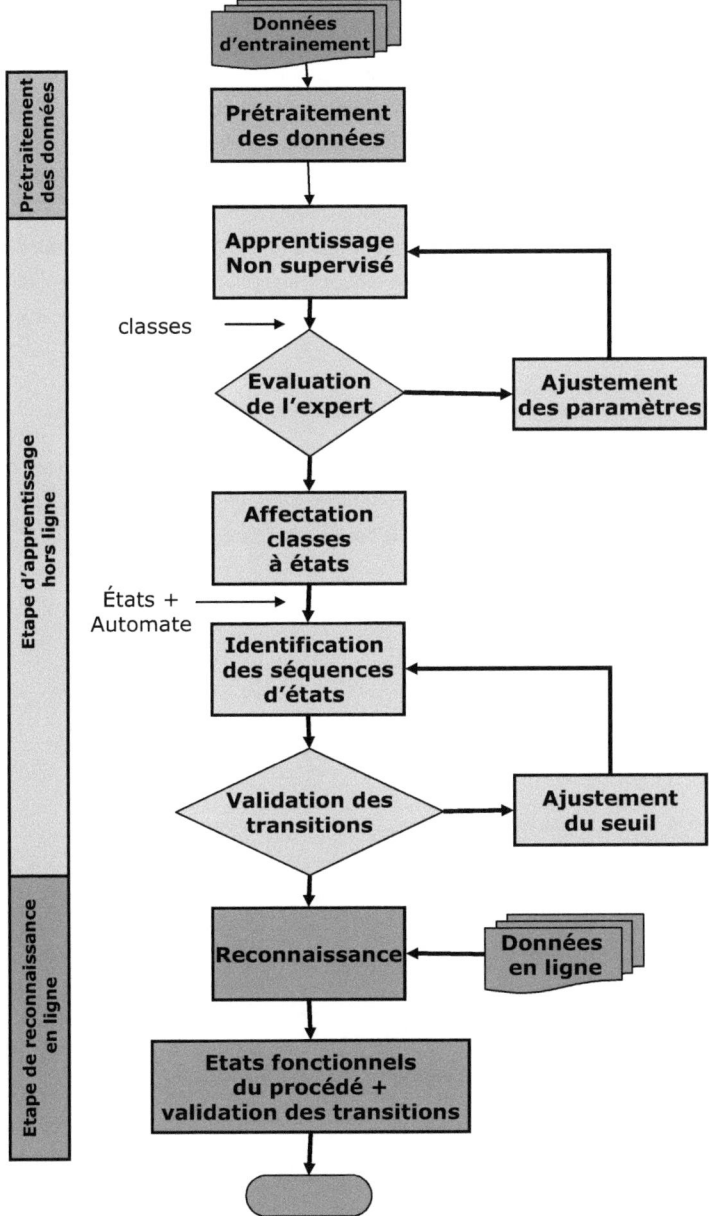

Figure 4. 1 Description générale de la méthode pour la surveillance de la station SMAPA

L'analyse des données par l'abstraction vise à extraire des informations significatives à partir des données issues d'un procédé quelconque qui seront ensuite utilisées dans différentes tâches telles que supervision et diagnostic. Cette abstraction est basée sur le concept de la fenêtre glissante comme un élément de base des différents analyseurs de signaux. Nous avons utilisé deux techniques pour le prétraitement des données issues de travaux effectués au sein du groupe DISCO du LAAS-CNRS, le filtrage et l'histogramme [SARRATE,2002]. Ces analyseurs sont présentés comme des blocs SIMULINK de MATLAB [MATLAB,2001] rassemblés dans une librairie nommée ABSALON. Avant d'expliquer sous forme détaillée ces analyseurs, revenons sur le concept de fenêtre glissante, laquelle réalise la tâche d'abstraction d'information.

4.2.1.1 Concept de la fenêtre glissante

Le concept est basé sur la génération d'une base pour l'analyse du signal échantillonné dans le but d'extraire des informations utiles. La base d'échantillonnage temporelle s'exprime normalement par la formule suivante :

$$t(i) = t_0 + iT \qquad (4.1)$$

avec

T : période d'échantillonnage

t_0 : l'instant initial

$t(i)$: l'instant de mesure

Sous forme matricielle :

$$t(i) = \begin{pmatrix} 1 & i \end{pmatrix} \begin{pmatrix} t_0 \\ T \end{pmatrix} \qquad (4.2)$$

L'équation 4.1 génère la séquence infini de $t(i)$: $\tau = \{0, T, 2T, 3T, \ldots\}$

$$\tau = \{t(i) | t(i) = t_0 + iT\} \qquad (4.3)$$

<u>Définition 1</u> : Générateur de fenêtre [SARRATE,2000]

Un générateur de fenêtre GENFEN est un quadruplet :

$$GENFEN = (S_E, F, \Omega, f) \qquad (4.4)$$

avec

S_E : le signal d'entrée du générateur de fenêtre

F : l'univers de la fenêtre

Ω : paramètres caractérisant la fenêtre

f : fonction de renvoi des données de la fenêtre

Tel que :

$$f : S_E^{a+1} \to F$$
$$F(j) = f(\delta_E(i), \ldots, \delta_E(i-a))$$
$$F(j) = \{\delta_E(i-a), \ldots, \delta_E(i)\}$$

(4.5)

avec :

$(\delta_E(i), \ldots, \delta_E(i-a))$: sont les données du signal d'entrée.

a : largeur de la fenêtre. C'est le paramètre amplitude de la fenêtre qui calcule le nombre de périodes du signal échantillonné

$F(j)$: la fenêtre créée à l'instant j constituée par les données du signal d'entrée.

Le générateur de fenêtre produit à l'instant j une fenêtre qui correspond à l'instant de la dernière donnée d'entrée de la fenêtre $t_F(j) = t_E(i)$. La période d'actualisation de la fenêtre est $T_F = dT_E$, d est le déplacement de la fenêtre et T_E la période d'échantillonnage. Observant que la fenêtre F est liée à l'index indicateur d'ordre j, le signal d'entrée est constitué par les données échantillonnées aux instants $t_E(i)$:

$$t_F(j) = t_{F0} + jT_F = \begin{pmatrix} 1 & j \end{pmatrix} \begin{pmatrix} t_{F0} \\ T_F \end{pmatrix}$$

(4.6)

avec :

$$t_F = t_{E0} + aT_E$$
$$T_F = dT_E$$

(4.7)

Ce modèle est représenté comme un bloc S-FUNCTION de SIMULINK dans la librairie ABSALON (Figure 4.2):

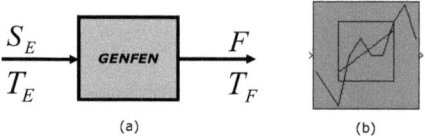

Figure 4. 2 (a) Générateur de fenêtre et (b) du bloc S-FUNCTION

Définition 2 : Analyseur de fenêtre

Un analyseur de fenêtre *ANAFEN* est un quadruplet :

$$ANAFEN = (S_S, F, \Omega, \gamma)$$

Tel que :

S_S : le signal de sortie du analyseur de fenêtre

F : l'univers de la fenêtre

Ω : paramètres caractérisant la fenêtre

γ : fonction d'analyse de la fenêtre

avec :

$$\gamma : F \times \Omega^m \to Y_S$$
$$v_S(j) = \gamma(F(j), (w_1, \ldots, w_m)) \tag{4.8}$$

$v_S(j)$: l'amplitude de la $j^{\text{ème}}$ donnée de sortie de la $j^{\text{ème}}$ fenêtre,

$(w_1, \ldots, w_m)$: les paramètres de la fenêtre $F(j)$ nécessaires à l'analyse, $(w_1, \ldots, w_m) \in \Omega$

4.2.1.2 Étude statistique au moyen d'histogrammes

La figure 4.3 montre l'évolution des variables dans une fenêtre temporelle d'observation. Cette fenêtre permet l'évaluation des situations effectuées par un opérateur dans un système de visualisation. Un signal physique peut montrer des zones interdites, des zones souhaitées, et n'importe quelle autre zone à laquelle une signification peut être attribuée. L'évaluation se réalise dans la fenêtre d'observation. L'exemple illustre les trois zones suivantes : acceptable, satisfaction et conflit. L'histogramme est construit de sorte qu'il constitue une des bases de l'interprétation.

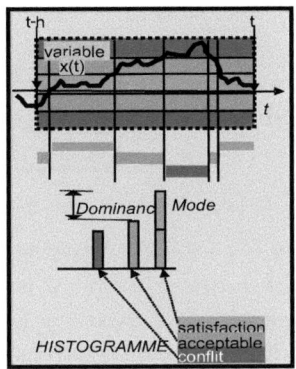

Figure 4. 3 L'évolution des variables dans une fenêtre temporelle d'observation

4.2.1.3 Filtrage

La conversion du signal analogique en un signal numérique fait intervenir deux opérations : l'échantillonnage du signal, c'est-à-dire le prélèvement de sa valeur à intervalles réguliers, et sa discrétisation, c'est-à-dire sa représentation par un nombre. Que le régulateur envisagé soit de type discret ou continu, le modèle de comportement va être calculé sous forme discrète. Le choix de la période d'échantillonnage d'acquisition doit donc être fait de façon à ce que le signal échantillonné donne une représentation correcte du signal continu. Pour ce faire, la période d'échantillonnage T_e doit respecter la condition de Shannon [FLAUS,1994] :

$$T_e = \frac{1}{2 \cdot f_{max}} \qquad 4.9$$

où f_{max} est la fréquence maximale contenue dans le signal. Pour satisfaire ce critère, il est possible :

> Soit de le filtrer analogiquement de façon à réduire f_{max}

> Soit d'acquérir les signaux avec une fréquence multiple de la fréquence d'échantillonnage $f_a = k \cdot f_e$ (ou $T_a = T_e / k$), puis de réaliser un filtrage numérique afin de sous-échantillonner les mesures (figure 4.4).

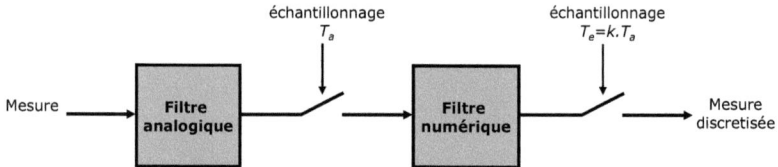

Figure 4. 4 Filtrage analogique et numérique des signaux

En général, avec les automates et les systèmes de conduite actuels, la seconde solution est la plus facile à mettre en œuvre car leur temps de cycle est nettement inférieur aux constantes de temps des divers signaux rencontrés sur le procédé. Par contre, une telle approche génère un nombre de points important. *Nous verrons dans la suite comment réduire ce nombre en réalisant un filtrage numérique du signal.*

Le filtrage des données consiste à s'assurer que la condition de Shannon est respectée à une fréquence plus faible. Si T_e est la nouvelle période d'échantillonnage, que nous prendrons égale à un multiple de la période d'acquisition pour simplifier $T_e = m\, T_a$, le filtrage doit éliminer toutes les fréquences supérieures à ½ T_e. Les données étant sous forme numérique, ce filtre ne peut être que numérique. Le plus souvent c'est un filtrage du premier ordre du type :

$$x_f(k) = \alpha \cdot x_f(k-1) + (1-\alpha) \cdot x(k) \qquad 4.10$$

Le filtrage est d'autant plus fort que le coefficient α est proche de 1. On peut aussi prendre une moyenne glissante sur m termes :

$$x_f(k) = \frac{x(k) + x(k-1) + \ldots x(k-m+1)}{m} \qquad 4.11$$

Cette seconde approche donne des résultats corrects dès que m est supérieur ou égal à 4. Pour choisir la constant de temps α du filtre du premier ordre, on choisit comme fréquence de coupure (atténuation de -3 dB, c'est-à-dire un gain de 0,7) la valeur suivante :

$$f_c = \left(1 \text{ à } \frac{1}{3}\right) \cdot \frac{f_e}{2} = \beta \cdot \frac{f_e}{2} \qquad 4.12$$

où le coefficient β permet de choisir une marge de sécurité. La constante de temps du filtre s'en déduit par :

$$\alpha = e^{-\frac{T_a}{\tau_c}} = e^{-2\pi T_a f_c} = e^{-\beta \pi T_a f_e} = e^{-\beta \frac{\pi}{m}} \qquad 4.13$$

Dans le cas où $m=5$, $\beta=0,3$, on a $\alpha=0,8819$.

4.2.2 Modèle de comportement du procédé

Nous utilisons la méthodologie de classification *LAMDA* pour la construction du modèle du processus à partir des données historiques. Il est caractérisé par un ensemble de classes qui permettent d'identifier un ensemble de situations qui correspondent aux états fonctionnels de la station SMAPA. Les critères de paramétrage du classificateur *LAMDA* pour obtenir la classification à l'aide des descripteurs de la qualité de l'eau brute, sont présentés dans les paragraphes suivants. Ce paramétrage est fait hors ligne et nécessite une intervention active de l'expert, qui doit être capable de déterminer les différents états fonctionnels dans le processus. Toutefois, quand seule la connaissance de l'expert est utilisée pour la détermination de ces états fonctionnels, l'une des situations suivantes peut arriver :

> ➤ L'expert connaît l'existence des différents états du système, mais ne peut pas en faire la reconnaissance à partir des données disponibles en ligne. Ainsi, il ne définit pas *a priori* ces états pour la reconnaissance, ce qui implique une perte importante d'information.

> ➤ L'expert considère qu'un état fonctionnel peut être identifié à partir des variables en ligne, mais la méthode n'est pas capable de l'identifier à partir des signaux disponibles en ligne. Alors, des états fonctionnels imposés non reconnaissables introduiront des erreurs de classification importantes dans l'apprentissage supervisé.

> ➤ L'expert ne peut pas identifier les états fonctionnels de manière précise, pour les inclure dans la surveillance. Les spécialistes de production d'eau potable sont principalement intéressés par l'évolution des variables de la qualité de l'eau, qui peuvent aussi être mesurées hors ligne au moyen d'analyse de prélèvements. Ainsi, la détermination des états fonctionnels, qui peuvent être détectés à partir des variables d'environnement, peut constituer aussi une étape de découverte pour les experts de l'eau.

A titre illustratif, dans le comportement du *pH* de l'eau, à l'entrée du processus, les spécialistes formulent des règles expertes qui, théoriquement, reconnaissent l'état fonctionnel qui correspond à des besoins en quantités importantes de coagulant pour des valeurs du *pH* supérieures à 8.3. Néanmoins, ces règles ne prennent pas en compte d'autres phénomènes en mesure de changer le comportement du signal sans aucune influence sur l'état fonctionnel, tel que l'ajout d'acide sulfurique pour prétraiter l'eau et baisser la valeur du *pH* et ainsi effectuer plus efficacement le processus de coagulation avec moins de coagulant. Ce raisonnement amène l'expert à déterminer, par ses connaissances théoriques du procédé, des états qui ne sont pas reconnaissables en ligne à partir des signaux disponibles et des abstracteurs développés.

La seule analyse des enregistrements de fonctionnements passés, afin de déterminer les états fonctionnels, représente en elle-même une problématique de production d'eau potable par le biais de la classification par apprentissage non supervisé. En général, les techniques d'acquisition de connaissances expertes n'incluent la découverte de nouvelles relations que comme une étape antérieure d'analyse. Ceci est dû principalement au fait que les méthodes de formalisation ne prévoient généralement pas la création de nouveaux liens entre connaissances modélisées. En outre, la découverte de nouvelles relations dépend aussi de la reconnaissance humaine de phénomènes jusqu'alors inattendus. Ces découvertes doivent être validées, puisqu'un expert unique a typiquement une perception restreinte du système analysé. Afin de réduire le biais et l'imprécision de cette nouvelle connaissance, celle-ci doit être validée sur des données enregistrées auparavant.

4.2.2.1 Choix du contexte

Il s'agit du choix de l'intervalle de fonctionnement du processus, très souvent fait par l'expert. Dans le cas de la méthode de classification *LAMDA*, ce contexte est définie par :

- ➢ Les valeurs minimale et maximale pour la normalisation des descripteurs quantitatifs et,
- ➢ Toutes les modalités pour chacun des descripteurs qualitatifs.

4.2.2.2 Modes d'apprentissage

La classification *LAMDA* peut réaliser trois différents modes d'apprentissage selon la séparation de l'ensemble des observations à utiliser pour l'apprentissage.

- ➢ L'apprentissage supervisé. Il est imposé par l'expert, qui connaît *a priori* les modèles réels de fonctionnement contenus dans l'ensemble d'apprentissage. En effet, l'expert étiquette les observations qui d'après lui, représentent le mieux les différentes situations.

- ➢ L'apprentissage non supervisé, nommé auto-apprentissage, il n'est pas toujours possible de disposer des connaissances a priori sur les caractéristiques de fonctionnement et l'expert ne peut pas affecter chaque observation à une situation. Il consiste à créer, à partir des informations contenues dans un ensemble de données, des classes ou groupes de classes caractérisant les différents modes de fonctionnement.

> L'apprentissage supervisé-actif, où l'expert n'a pas besoin d'étiqueter toutes les observations de l'ensemble d'apprentissage. Il peut laisser des éléments sans classe soit parce (a) qu'il considère que certains ne sont pas assez représentatifs, ou (b) qu'il ne possède pas les connaissances pour déterminer si ces éléments correspondent à un type de comportement.

Ainsi, l'algorithme d'apprentissage peut effectuer une première classification pour obtenir les paramètres des classes. Postérieurement, les observations qui n'ont pas été attribuées à une classe seront utilisées, soit pour faire évoluer les classes existantes, soit pour en créer de nouvelles.

4.2.2.3 Réglage des paramètres de la classification

La méthode de classification *LAMDA* considère trois paramètres à régler :

> La fonction d'adéquation marginale pour les descripteurs quantitatifs

> Les connectifs mixtes d'association pour l'agrégation des contributions de chaque descripteur et

> L'indice d'exigence, pour rendre plus ou moins stricte l'attribution d'un individu à une classe.

4.2.2.4 Association des classes à des états fonctionnels

L'expert à l'aide des données qui sont disponibles hors ligne, associe des classes à des états fonctionnels. Dans cette opération, trois situations sont possibles :

> Une classe est équivalente à un état fonctionnel

> Un groupe de classes est équivalent à un état fonctionnel

> Une classe n'est équivalente à aucun état fonctionnel

Il est possible d'obtenir deux situations qui sont différentes par leur données mais avec la même signification.

4.2.3 Diagnostic en ligne

Une fois que le modèle de comportement du procédé a été élaboré, l'étape suivante consiste à déterminer, à chaque instant, dans quel état fonctionnel se trouve le procédé lorsqu'une nouvelle observation est présentée. Tous les modes de fonctionnement ne sont pas forcement identifiés lors de l'étape d'apprentissage et, en conséquence, le modèle le comportement n'est pas exhaustif dû à certaines situations où le recueil des données n'a pas été possible au préalable ou qu'il existe des situations dont l'occurrence est peu fréquente. Pour cette raison, il est nécessaire que le système de surveillance présente un caractère adaptatif au moment de l'identification des nouvelles situations. Pour cela, deux principes d'apprentissage sont prévus : un apprentissage hors ligne (modèle du comportement du procédé) et une reconnaissance en ligne. La reconnaissance en ligne permet de détecter en continu un défaut en se basant sur le modèle de comportement, afin de détecter, localiser et identifier une défaillance. La figure 4.5 montre le diagramme de blocs associé au diagnostic en ligne.

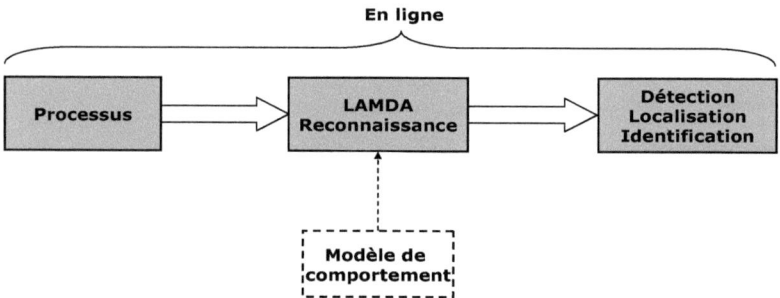

Figure 4. 5 Schéma du diagnostic en ligne du procédé

Nous avons divisé la phase de diagnostic en trois parties : l'espace de mesure, l'espace de reconnaissance et l'espace de diagnostic. L'espace de mesure est l'ensemble des descripteurs de l'eau potable sélectionnés à l'entrée du système de diagnostic en ligne. L'espace de reconnaissance consiste à déterminer dans quel état fonctionnel se trouve le procédé lorsqu'une nouvelle observation est présentée et il est basé sur le modèle de comportement construit hors ligne. L'espace de diagnostic explique le type de défaillance qui a causé le défaut sur le procédé. Si un nouveau défaut détecté arrive, alors il faut actualiser le modèle de comportement, en ajoutant une nouvelle classe qui représente cette défaillance.

Il est possible que, des opérations anormales dans un procédé n'aient pas été détectées, à cause d'un manque de descripteurs pour en faire le diagnostic. Ceci veut dire que, le système de diagnostic n'est pas capable de détecter le défaut (il confond ce défaut avec l'opération normale du procédé) mais que la détection a été réalisée par l'opérateur. Dans ce cas, il faut créer une nouvelle classe qui représente le défaut non détecté. Le plus important dans l'identification d'un nouveau défaut est de ne pas le confondre avec un autre dysfonctionnement connu. Dans le cas d'une confusion, il faut refaire la conception du modèle en modifiant les paramètres du système de diagnostic.

4.2.4 Stratégie pour la validation des transitions

Le principe de la surveillance d'un processus dynamique à partir d'une méthode de classification, consiste à déterminer à chaque instant l'état fonctionnel qui a préalablement été associé avec un état fonctionnel du système. C'est pourquoi dans la phase d'exploitation, il s'agit de décider à chaque instant de mesure quel est l'état de fonctionnement. Cette décision est particulièrement délicate à prendre lors des transitions, c'est-à-dire lorsqu'il y a un changement dans la classe à laquelle l'ensemble des mesures (individu à classer) est attribué. Nous présentons dans ce qui suit une méthode permettant la validation des transitions entre états qui est basée sur la mesure d'information obtenue à chaque instant du procédé.

À partir des classes obtenues par un algorithme de classification floue, et dans l'étape de reconnaissance de données, nous proposons de valider le changement d'état pour éviter de fausses transitions ou des transitions à des états mal conditionnés. Normalement, un individu est classé dans l'état pour lequel il a le plus grand degré d'appartenance, mais on considère une décision "mal conditionnée" quand les degrés d'appartenance à toutes les classes sont semblables ou proches d'un niveau d'incertitude. Dans ce cas la décision n'est pas sûre et on ne doit pas valider la transition. Pour établir la certitude de la transition d'état, nous proposons un indice de fiabilité qui a été inspiré de la mesure d'information floue (entropie floue).

Le résultat des techniques de classification du type flou fournit des degrés d'appartenance de l'individu analysé à chaque classe. Dans la plupart des algorithmes la décision de classement est obtenue par la recherche de la classe pour laquelle l'individu présente le maximum d'appartenance, ou d'adéquation.

En présence d'incertitudes causées par l'imprécision dans les mesures, ou par les possibles perturbations peu significatives du fonctionnement du procédé, la transition d'un état à l'autre, peut avoir peu de justification réelle. Dans ce cas, nous disons qu'il y a un mauvais conditionnement pour prendre la décision de changement d'état. C'est pourquoi l'introduction d'un critère de validation des transitions a été considérée comme un apport important à la surveillance effective des processus. Des travaux antérieurs remarquent l'importance de valider les transitions d'état pour établir un automate qui permette d'identifier l'état actuel du système [KEMPOWSKY et al.,2006]. Toutefois l'analyse de la signification des transitions n'a pas été étudiée en profondeur.

Pour notre approche, nous avons considéré que le critère essentiel associé à une décision est l'évaluation de l'information qui a été nécessaire pour la prendre. C'est dans cette optique que nous avons cherché à mesurer cette information. Étant donné que nous sommes en présence d'une partition floue fournie par les degrés d'adéquation de chaque instant de fonctionnement (individu) à toutes les classes, nous pouvons chercher à analyser l'information instantanée sur laquelle une attribution est faite ;

alors la transition ne sera validée que dans les cas où cette information est considérée comme suffisante.

Généralement, la quantité d'information est associée à l'entropie des données. Dans le cas des ensembles flous, la formule de l'entropie non probabiliste proposée par De Luca et Termini [De LUCA et TERMINI,1972] a été largement utilisée.

Pour la validation des transitions, il est nécessaire d'utiliser l'information instantanée de l'individu qui a produit le changement d'état. Par conséquent l'analyse est basée sur l'ensemble (vecteur) des degrés d'appartenance de cet individu à chaque classe. Le vecteur des degrés d'appartenance peut être considéré comme un ensemble flou. Si pour la validation des transitions basée sur la quantité d'information, on utilise une mesure classique d'entropie floue [De LUCA et TERMINI,1972 ; SHANNON,1948], la décision est considérée bien conditionnée quand la quantité d'information est grande. Toutefois, une décision qui a été prise avec de faibles valeurs de degrés d'appartenance donne une valeur importante de l'information. C'est pourquoi nous proposons d'utiliser un indice de décision qui est basé sur l'entropie de De Luca et Termini [De LUCA et TERMINI,1972]. Cet indice permet de mesurer l'information instantanée qui a provoqué le changement d'état et permet de tenir compte du rapport entre les faibles degrés d'appartenance et l'incertitude sur la décision.

4.2.4.1 Indice de décision

> **Indices de degré de flou (*fuzziness*)**

Les fonctions d'entropie non probabilistes représentent le degré de flou d'un ensemble flou discret (μ) vis-à-vis des éléments qui le composent [De LUCA et TERMINI,1972 ; TRILLAS et ALSINA, 1979 ; TRILLAS et RIERA, 1978]. L'analyse est faite en fonction des degrés d'appartenance $\mu(x_i)$ de chaque élément (x_i).

D'après l'approche proposée par De Luca et Termini, les fonctions « entropie floue » $H(\mu)$ doivent respecter les axiomes suivants [De LUCA et TERMINI,1972 ; TRILLAS et ALSINA,1979 ; TRILLAS et RIERA,1978 ; TRILLAS et SANCHIS,1979]:

$$
\begin{aligned}
&\text{P1}: \quad H(\mu) = 0 \Leftrightarrow \mu(x_i) \in \{0,1\} \\
&\text{P2}: \quad \max H(\mu) \Leftrightarrow \forall i \quad \mu(x_i) = \tfrac{1}{2} \\
&\text{P3}: \quad H(\eta) \leq H(\mu) \Leftrightarrow \eta \leq_S \mu
\end{aligned}
\qquad (4.14)
$$

La relation d'ordre $\leq_S$ est un opérateur de comparaison appelé "*sharpeness*". Un ensemble flou η est considéré comme plus "aigu" (*sharp*) que l'ensemble flou μ si :

$\forall x \in E$

Si $\mu(x) \leq 0.5$ alors $\eta(x) \leq \mu(x)$ (4.15)

Si $\mu(x) \geq 0.5$ alors $\eta(x) \geq \mu(x)$

Les fonctions qui respectent ces axiomes peuvent être exprimées par la formule générale :

$$H(\mu) = h\left(\sum_i^C w_i \cdot T(\mu(x_i))\right)$$ (4.16)

C correspond au nombre d'individus dans l'univers de discours (E) où est défini l'ensemble flou μ. Selon [De LUCA et TERMINI,1972 ; PAL et BEZDEK, 1993] :

(i) $w_i \in \Re^+$

(ii) $T(0) = T(1) = 0$

(iii) $T(\mu(x_i)) : [0,1] \longrightarrow \Re^+$ a un seul maximum en $\mu(x_i) = \frac{1}{2}$ et est monotone pour $\mu(x_i) < \frac{1}{2}$ et pour $\mu(x_i) > \frac{1}{2}$ (4.17)

(iv) la fonction $h : \Re^+ \longrightarrow \Re^+$ est monotone croissante

De Luca et Termini [De LUCA et TERMINI,1972] ont proposé d'utiliser comme fonction $T(.)$ (équation 4.18) l'entropie probabiliste de Shannon [SHANNON,1948] appliquée à la paire formée par l'élément et son complément à un dans l'ensemble flou :

$$S(\mu(x_i)) = \mu(x_i) \cdot \ln \mu(x_i) + (1 - \mu(x_i)) \cdot \ln(1 - \mu(x_i))$$ (4.18)

Alors l'expression de l'entropie de De Luca et Termini est donnée par :

$$H_{DLT}(\mu) = K \cdot \sum_i^C S(\mu(x_i))$$ (4.19)

où $K \in \Re^+$ est une constante de normalisation.

De nombreuses études ont montré la validité de cette expression comme mesure de l'information floue [AL-SHARHAN et al.,2001].

Cependant, d'autres familles de fonctions avec la même forme de base que celle de De Luca et Termini peuvent être utilisées surtout dans le domaine de la prise de décisions et la classification [De LUCA et TERMINI,1972 ; De LUCA et TERMINI,1974]. Elles sont toujours basées sur les axiomes présentés en (4.14) et sous la forme de l'équation (4.16), où $w_i = K$ et la fonction T est donnée par :

$$T(\mu(x_i)) = f(\mu(x_i)) + f(1-\mu(x_i)) \qquad (4.20)$$

> **Indice de validation pour la transition d'états**

Le degré d'appartenance d'un individu exprime son adéquation à une classe. En revanche, dans le cas d'une prise de décision entre plusieurs groupes ou classes, les degrés d'appartenance expriment l'adéquation d'un individu à plusieurs classes. Dans le cas de la surveillance de systèmes dynamiques, l'individu est représenté par l'ensemble des variables qui définissent l'état actuel du système et les classes sont les états possibles. L'état avec le degré d'appartenance le plus grand est considéré comme celui dans lequel le système évolue à ce moment là. La fiabilité du choix de l'état à l'instant présent est directement proportionnelle à la capacité d'élection parmi les degrés d'appartenance.

Au contraire des indices de degré de flou (e.g. entropie floue), le problème qui nous concerne dans ce cas n'est plus l'analyse d'appartenance de plusieurs individus à une classe, mais le choix entre plusieurs classes (états) auxquelles un individu peut appartenir. Pour ceci, nous définissons un nouvel ensemble flou où l'univers de discours *E* est défini par le nombre de classes *C* et les degrés d'appartenance correspondent aux valeurs d'appartenance de chaque individu à chaque classe.

Plus un ensemble est ordonné, plus il est informatif et alors son entropie est plus faible. L'ensemble que nous considérons le plus informatif dans le cas d'un choix est celui qui assigne l'individu dans une classe avec le degré maximum d'appartenance tandis que le degré d'appartenance aux autres classes est nul. Par contre, l'entropie de décision de l'ensemble devient maximale si tous les degrés d'appartenance sont égaux, en conséquence, l'information fournie par l'ensemble sera alors nulle, vis à vis de la fiabilité de la décision. Dans ce contexte, comme indice de validation nous utilisons le complément de l'entropie de la décision proposé dans [DIEZ et AGUILAR-MARTIN,2006] qui est basé sur l'entropie floue de De Luca et Termini.

Nous considérons toujours que le choix correspond au maximum d'appartenance, ou d'adéquation, ainsi nous aurons $\mu_M = \max[\mu(x_i)]$. Ensuite, les *indices flous de décision* sont définis comme la différence entre cette valeur maximale et chacun des degrés d'appartenance de l'ensemble (pour le cas de validation d'états ces valeurs correspondent aux degrés d'appartenance de l'individu a chaque classe) :

$$\delta_i = \mu_M - \mu(x_i) \quad \forall i \neq M \quad (4.21)$$

L'entropie de décision pour l'ensemble flou µ est le dual de l'information globale, [DIEZ et AGUILAR-MARTIN, 2006] représentée par l'équation (4.22):

$$H_D(\mu) = 1 - I_D(\mu) \quad (4.22)$$

L'information utile fournie par l'ensemble flou pour la prise de décisions $I_D(\mu)$ correspond à :

$$I_D(\mu) = K \cdot \sum_i \delta_i \cdot e^{(\delta_i)}$$

$$\text{où } K = \frac{1}{C^* \mu_M \cdot e^{\mu_M}} \quad (4.23)$$

Cette entropie est basée sur des axiomes qui suivent la philosophie de ceux proposés par De Luca et Termini et en relation avec l'entropie floue comme indice de degré de flou. Ces axiomes sont les suivants :

$$R1: H(\mu) = 0 \Leftrightarrow \forall i \neq M ; \quad \mu(x_i) = 0$$
$$R2: \max H(\mu) \Leftrightarrow \forall i, j ; \quad \mu(x_i) = \mu(x_j) \quad (4.24)$$
$$R3: H(\eta) \leq H(\mu) \Leftrightarrow \eta \geq_F \mu$$

La relation $\geq_F$ est proposée comme un comparateur de la fiabilité de l'affectation à un ensemble. Cet opérateur est défini de façon similaire à celle de l'opérateur de « sharpeness » ($\leq_S$) proposé par De Luca et Termini. Une décision basée sur un ensemble non probabiliste flou η est considérée plus fiable qu'une autre basée sur l'ensemble flou μ si l'indice de fiabilité de η est plus grand que celle de μ.

$$\eta \geq_F \mu \Leftrightarrow FIA(\eta) \geq FIA(\mu) \quad (4.25)$$

L'opérateur $FIA(\mu)$ est défini comme :

$$FIA(\mu) = \mu_M + card[\delta(\mu)] \quad (4.26)$$

4.2.4.2 Méthode de validation des transitions

Lorsqu'une transition entre l'instant $t-1$ et l'instant t est proposée par l'algorithme de reconnaissance, le système analyse l'indice d'information du nouveau vecteur des appartenances de l'individu $x(t)$, si celui-ci dépasse un certain *niveau d'incertitude* la transition est validée. Dans le cas contraire, la transition est mise en attente, tant que l'algorithme de reconnaissance continue à proposer la même classe, elle sera validée si à un instant postérieur $t+r$ la quantité d'information est considérée fiable.

Comme mesure d'information nous utilisons l'indice d'information $I_D(\mu)$ donné par l'équation 4.23. Il peut arriver, soit qu'une transition ne soit jamais validée et reste ignorée du système, soit qu'elle soit validée avec un retard r par rapport à l'instant où l'algorithme de reconnaissance l'avait détectée. L'introduction de ce retard permet d'éliminer les effets de bruits ou perturbations qui fournissent une apparence de transition. Dans certains cas, on observe des oscillations entre deux classes qui sont uniquement causées par les imprécisions dans les mesures et ces oscillations seront alors éliminées de manière automatique, ainsi que les fausses alarmes.

> **Niveau d'Incertitude**

Il est nécessaire de définir une valeur d'information instantanée, qui permet de considérer la décision comme suffisamment fiable pour valider le changement d'état. Pour ceci nous constatons que, dans la méthode *LAMDA* [AGUILAR et LOPEZ,1982 ; KEMPOWSKY et al.,2006], l'information apportée par l'attribution à une des classes informatives, (différente de la classe de Non Information, *NIC*), est égale à l'incertitude de cette classe *NIC*, puisque l'union des classes informatives est exactement le complément de la classe *NIC*. La valeur d'appartenance de n'importe quel individu à la classe *NIC* est une constante fournie par l'algorithme qui joue le rôle de valeur minimum d'adéquation. Il est donc naturel d'utiliser comme *niveau d'incertitude* la formule d'information totale en incluant le degré d'appartenance à la classe *NIC*, donnée par l'équation 4.27.

$$I_{NIC} = K \cdot (\sum_i (\delta_i) \cdot e^i + (\delta_{NIC}) \cdot e^{NIC}) \quad \forall i \neq M$$

$$\text{où} \quad K = \frac{1}{C^* \mu_M \cdot e^{\mu_M}}$$

(4.27)

En analysant l'équation 4.27, si la décision de changement de classe a été prise avec un degré d'appartenance *significativement* plus élevé que le degré d'appartenance minimal (μ_{NIC}), le rapport entre les quantités d'information correspond à l'équation 4.28 :

$$I_{NIC} \gg I_D \Leftrightarrow \mu_M \gg \mu_{NIC}$$

(4.28)

Pour prendre la décision de validation nous avons ajouté une marge de décision ε.

Cette valeur permet de garantir l'information pour le changement d'état I_D et le niveau d'incertitude minimal de telle manière qu'on valide la transition uniquement si :

$$I_{NIC} > I_D + \varepsilon \qquad (4.29)$$

Plus la marge de décision est grande, plus la transition sera validée et mieux conditionnée.

Avec cette approche nous validons uniquement les transitions qui ont un degré d'information suffisant par rapport à l'information globale, en incluant la classe d'adéquation minimale, qui dans le cas de *LAMDA* correspond à la *NIC*.

4.3 Conclusion

Dans ce chapitre, nous avons abordé le prétraitement des données comme un élément indispensable pour extraire les informations les plus représentatives au moyen de l'analyse du signal par l'abstraction d'informations significatives (ABSALON).

Nous avons développé une méthodologie basée sur la technique de classification floue *LAMDA*, qui permet d'effectuer la surveillance des procédés de production d'eau potable, en utilisant une stratégie qui cherche à modéliser un certain type de raisonnement humain au moyen de données historiques du processus.

Sachant que la connaissance experte est toujours nécessaire pour la construction du modèle de référence, il faut apporter à l'opérateur des moyens pour faciliter l'analyse et l'interprétation des résultats obtenus lors de l'apprentissage au travers d'une interphase graphique.

Nous avons proposé une méthode de validation des transitions qui permet de manière automatique, pendant l'étape de reconnaissance, de ne pas tenir compte des classes mal conditionnées. Cette approche permet d'enlever les fausses alarmes ce qui améliore l'interprétation des classes pour la surveillance. Un avantage de la méthode est que l'analyse de l'information se réalise uniquement par rapport aux degrés d'appartenance instantanés et ne demande pas une analyse des attributs des données elles mêmes, ce qui dans de nombreux cas réduit considérablement la dimension des vecteurs en présence.

Dans le chapitre 5, nous allons mettre en place le système de surveillance des procédés de production d'eau potable basé sur la classification. Nous détaillerons les éléments à prendre en compte et aussi nous rappellerons les prestations que doivent apporter les outils de supervision pour aider l'opérateur dans la prise de décisions.

5 APPLICATION DE LA METHODE A LA STATION DE PRODUCTION D'EAU POTABLE SMAPA

5.1 Introduction

Après avoir présenté la méthodologie générale pour la surveillance de la station SMAPA de production d'eau potable, nous donnons les résultats obtenus à partir des descripteurs caractéristiques de l'eau brute du diagnostic hors-ligne et en ligne. Pour obtenir ces résultats nous avons appliqué la stratégie composée des quatre étapes différentes : le prétraitement des données, l'analyse du modèle comportemental de la station sous forme d'automate, l'analyse avec des données en ligne et la validation des transitions.

D'abord, nous présentons les caractéristiques générales de la station SMAPA de production d'eau potable. Nous exposons les aspects opérationnels par rapport à la consommation de réactifs chimiques et la turbidité ainsi que le comportement saisonnier de la station (saison des pluies et saison d'étiage) et ses caractéristiques particulières en terme de maintenance et de nécessité de dérivation du courant d'eau de certaines parties de la station. Ensuite, nous présentons les résultats obtenus grâce à la méthodologie développée au cours de nos travaux concernant la surveillance des procédés de production d'eau potable. Pour chaque saison, les résultats obtenus dans l'étape d'apprentissage hors ligne seront présentés. Nous allons illustrer la stratégie pour la validation des transitions et finalement nous présentons la reconnaissance en-ligne qui permet de valider l'ensemble de la stratégie proposée. Nous montrerons en particulier, comment des classes mal conditionnées sont détectées et caractérisées pour permettre la mise à jour du modèle de comportement.

5.2 La station de production d'eau potable SMAPA de Tuxtla

5.2.1 Description de la station

Le procédé de potabilisation la station SMAPA (figure 5.1) comporte : un mélangeur ; un système de dosage de sulfate d'aluminium et polymère ; un système de dosage du chlore (pré-chloration à l'entrée des décanteurs, chloration intermédiaire à la sortie des décanteurs et post-chloration à l'entrée du réservoir de sortie) ; un canal de distribution vers les réservoirs de floculation ; 4 floculateurs ; 4 décanteurs avec un système d'extraction des boues ; 12 filtres ; un canal collecteur et un réservoir de sortie.

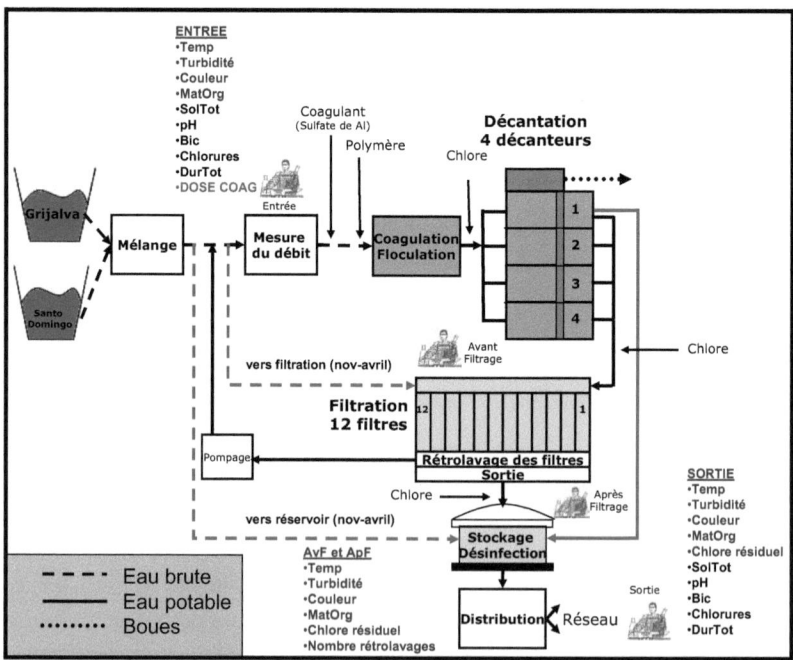

Figure 5.1 Schéma général de la station SMAPA de production d'eau potable

Pour la caractérisation de la station, la qualité et la quantité d'information dont le responsable de la station dispose sont fondamentales. L'ensemble des données sont des mesures qui sont obtenues par l'analyse de prélèvements journaliers. Dans la base de données que nous utilisons dans cette étude, toutes les données ont été ramenées à un échantillonnage journalier pour rendre homogène leur suivi.

5.2.2 Aspects fonctionnels de la station

Concernant le fonctionnement de la station de production d'eau potable SMAPA, on observe une forte dépendance aux phénomènes saisonniers. Il y a 2 saisons, d'une part la période d' « étiage », approximativement à partir de novembre, qui correspond à la période où il ne pleut pas. D'autre part la période appelée « de pluies », à partir du mois de mai et jusqu'en octobre. De plus, pendant le mois d'octobre on a généralement une turbidité à valeurs importantes, étant données les fortes pluies qui peuvent se transformer en ouragans.

Le comportement de la station dépend fondamentalement des paramètres de turbidité et de consommation de réactifs chimiques. Presque toujours les années lors desquelles ont été utilisées de plus grandes quantités de réactifs (liées à de plus fortes valeurs de la turbidité), ont été les années les plus compliquées (en terme de fonctionnement) pour la station. Ceci a provoqué la suspension temporaire du processus de production d'eau potable, étant donnée la grande quantité de matière en suspension que contenait l'eau. En effet, les fortes pluies peuvent provoquer un mauvais fonctionnement des stations de pompage qui permettent le transport de l'eau de la rivière jusqu'à l'unité. Le tableau 5.1 et la figure 5.2 montrent les quantités de sulfate d'aluminium ajoutées pendant les années 2000 à 2003. Ces quantités sont liées directement à la turbidité.

Table 5.1 Valeurs de dosage de réactifs (sulfate d'aluminium) en millier de tonnes

	2000	2001	2002	2003
Jan	2050	5950	5440	4800
Fév	1600	2000	800	3050
Mars	1650	700	4160	4400
Avril	1350	1550	8050	2250
Mai	40250	21120	5500	13500
Juin	120540	99910	113263	213130
Juill	83379	112430	148960	277480
Août	71265	85010	149910	182100
Sept	91616	80320	150982	150134
Oct	35150	51250	79275	95525
Nov	29661	11700	37215	56330
Déc	13550	12000	9550	17150

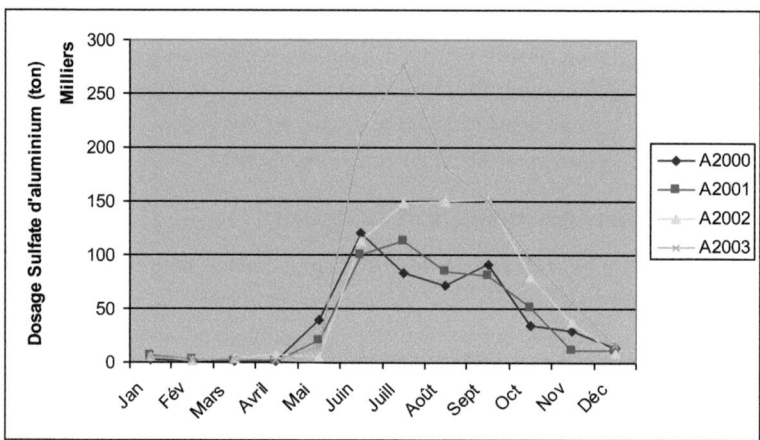

Figure 5. 2 Dosage de réactifs (sulfate d'aluminium) en millier de tonnes

Les années où ont été utilisées de plus grandes quantités de réactifs chimiques (par exemple, septembre 2003) coïncident avec les forts niveaux de turbidité. L'année 2003 coïncide avec la présence d'ouragans.

5.2.2.1 Dérivations du débit d'eau

L'objectif principal de ces dérivations est de maintenir une production d'eau en quantité constante pendant toute l'année.

> **Dérivation de l'entrée vers les filtres**

Cette dérivation explique le comportement qui peut paraître anormal lorsque la valeur de la turbidité avant les filtres est plus élevée que celle à l'entrée du processus de potabilisation. Cette dérivation coïncide avec une accumulation de boues dans les décanteurs ce qui correspond à la nécessité de travaux de maintenance sur ceux-ci. Tandis que dans les filtres il n'y a pas d'excès du nombre de rétrolavages, on peut donc effectuer cette dérivation.

> **Dérivation des décanteurs vers le réservoir de sortie**

Cette dérivation est toujours normalement ouverte sauf si la dose de coagulant à ajouter devient supérieure à 250 mg/l.

> **Dérivation directe vers le réservoir de sortie**

Cette dérivation de l'entrée est maintenue ouverte seulement durant la saison d'étiage, si l'eau est maintenue à des valeurs de turbidité de 5 NTUs et à des valeurs de couleur de 20 u Pt-Co, permises par la norme ; ou bien lorsque certains décanteurs se trouvent en maintenance.

5.2.2.2 Besoins de maintenance
> Maintenance des décanteurs

Le signal principal pour savoir quand la maintenance des décanteurs est nécessaire est donné par les valeurs de la turbidité et les valeurs de la couleur à l'entrée qui dans ce cas sont inférieures à celles en sortie des décanteurs (avant les filtres). Ce comportement que l'on pourrait qualifier d'anormal est dû à l'accumulation de boues dans des décanteurs : en d'autres termes l'eau sort plus « sale » qu'elle ne rentre !.

Parfois la maintenance des décanteurs peut être avancée lorsque le système aspirateur de boues « clarivacs » ne fonctionne pas de façon adéquate, à cause de l'accumulation de solides pendant la saison des pluies. Quand ce système aspirateur de boues se bloque, les boues s'accumulent et une partie des solides passe à l'étape de filtration au lieu d'être évacuée.

La durée de la maintenance des décanteurs est d'un mois approximativement et elle est effectuée pendant la seconde quinzaine de février et la première quinzaine de mars de chaque année. La maintenance des décanteurs 2 et 3 (ceux du centre) s'effectue simultanément, pour préserver la structure physique du décanteur.

> Maintenance des filtres

La programmation de la maintenance des filtres est effectuée en considérant la fréquence des rétrolavages de chacun. Par exemple, le filtre 1 nécessite un rétrolavage chaque deux jours, tandis que le filtre 7, au moins 5 rétrolavages par jour ; par conséquent le filtre 7 demande au moins deux périodes de maintenance dans l'année. Ces rétrolavages sont effectués de manière automatique et intégrés dans le fonctionnement des filtres (par mesure de la différence de pression entrée-sortie).

La période de maintenance des filtres se situe juste avant la saison des pluies, afin que les filtres se trouvent dans les meilleures conditions de fonctionnement lors des fortes pluies.

Pendant l'étiage, l'extraction des solides est difficile à effectuer car les valeurs de la turbidité sont faibles, et les réactifs (coagulant et polymère) sont ajoutés en faibles proportions. Ce dosage doit être précis pour permettre la formation de flocs. Si on n'obtient pas une floculation adéquate, il n'y a plus assez de précipitation dans l'étape de sédimentation et ces solides arrivent jusqu'aux filtres en provoquant un accroissement de la fréquence de rétrolavages, et par conséquent, une diminution de la production d'eau potable. Pendant la saison de pluies, la concentration de solides par unité de volume d'eau est plus élevée. Dans ces conditions, la formation du floc est plus facile ; les flocs formés sont plus grands et plus lourds, et donc il existe une meilleure précipitation dans l'étape de sédimentation. Ainsi, l'eau qui nourrit les filtres a une plus petite concentration de solides d'où une fréquence de rétrolavages qui diminue à cette période.

5.2.3 Description des données de la station

En ce qui concerne les variables de la qualité de l'eau, dans la station SMAPA elles sont obtenues à partir d'échantillons quotidiens. Ces échantillons sont obtenus par ajout de prélèvements réalisés tout a long des 24 heures. Chaque variable est obtenue en quatre points de mesure : à l'entrée, avant la filtration (après la coagulation-floculation-décantation), après la filtration, et à la sortie de la station. Les principales variables analysées à l'entrée et à la sortie de la station sont données sur la figure 5.3.

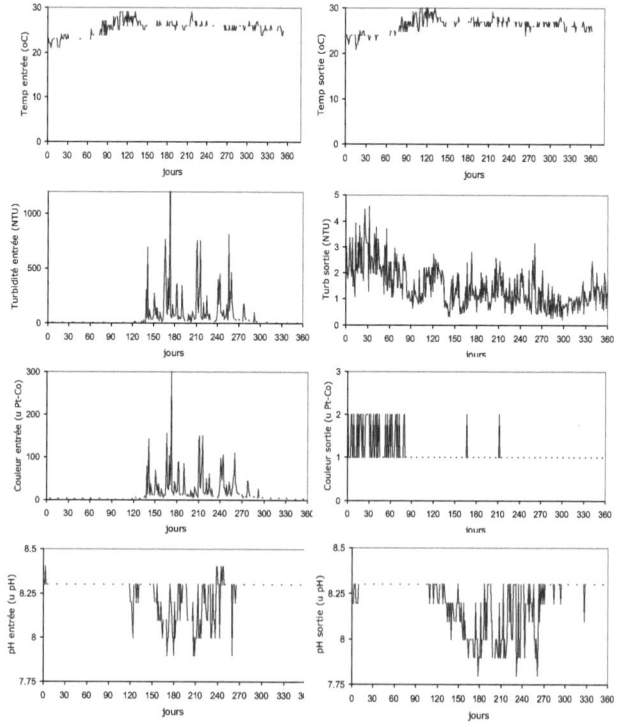

Figure 5. 3 Descripteurs de la qualité de l'eau brute (à l'entrée et à la sortie) pour l'année 2001

De plus, nous disposons de la dose de coagulant optimale injectée sur l'usine en continu. Cette dose de coagulant est déterminée par des essais jar-test effectués en laboratoire (§ 1.3.3 b, Figure 1.4). Rappelons que dans le chapitre 3, nous avons montré le développement du capteur logiciel permettant la détermination automatique de la dose de coagulant. Nous donnons pour mémoire, sur la figure 5.4 la dose de coagulant appliquée et la dose de coagulant déterminée par le capteur logiciel.

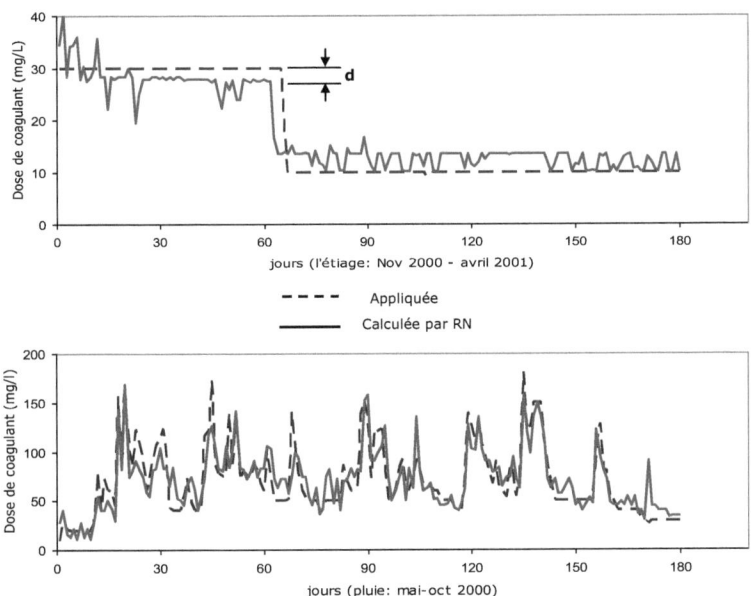

Figure 5.4 Dose appliquée et dose calculée par le capteur logiciel pour la saison d'étiage et la saison des pluies (année 2000-2001)

Nous observons sur la figure 5.4 (pour l'étiage), la différence d entre la dose appliquée et la dose calculée par le réseau de neurones. Elle représente une économie sur la quantité de coagulant ajoutée donc une économie en terme de coût mais aussi en terme de respect de l'environnement.

5.3 Stratégie d'analyse du procédé

Nous avons réalisé l'analyse du comportement de la station en deux parties, en raison de la forte dépendance vis à vis de la saison : la période d'étiage et la période de pluie. Nous avons développé la méthode pour la surveillance de la station SMAPA telle que décrite dans le paragraphe 4.2 et montrée sur la figure 4.1.

On dispose d'un historique des données d'environ 5 ans. Ce jeu de données couvre une période reflétant, dans une certaine mesure, les variations saisonnières de la qualité de l'eau brute.

Dans la suite, nous présentons l'analyse et l'interprétation des résultats. Ici, nous fournissons à l'expert des outils visuels avec des informations utiles relatives à la classification réalisée. L'objectif est de donner à l'expert des moyens pour mieux exploiter les résultats de la classification lors de l'interprétation et la validation des classes.

5.3.1 Période des pluies

5.3.1.1 L'apprentissage hors ligne et choix de descripteurs

Le choix des descripteurs a été effectué en partie en regardant les évolutions des différentes variables et avec l'aide de l'expert. Pour cette analyse on a accès à quatre paramètres descripteurs de l'eau : la turbidité (à la sortie des filtres et à l'entrée de la station), la dose de coagulant appliquée et le nombre de rétrolavages des filtres, la différence entre la mesure de la turbidité à la sortie de la station et la turbidité à la sortie des filtres et le *pH*. Nous avons pris comme descripteur, la différence entre les valeurs de la turbidité à la sortie des filtres et celles à la sortie de la station, pour connaître les situations à la sortie de la station. Dans le cas où la valeur de cette différence est négative ceci signifie une accumulation des boues à la sortie de la station. La figure 5.5 montre l'évolution des données d'apprentissage, la turbidité d'entrée, la différence entre la turbidité de la sortie des filtres et la sortie de la station, le nombre de rétrolavages et le *pH*.

Concernant le *pH*, comme le montre les figures 5.3 et 5.5, celui-ci évolue beaucoup plus durant cette période que dans le cas de l'étiage. De plus, nous pouvons détecter des caractéristiques intéressantes sur le fonctionnement de la station durant cette période, comme la formation d'algues souvent révélée par l'augmentation des valeurs de *pH*. Pour mettre en évidence cette caractéristique, avec l'expert nous avons choisi d'utiliser non pas la valeur brute du *pH* mais des valeurs qualitatives qui permettent de rendre compte des zones de fonctionnement. Cette valeur de *pH* a été prétraitée au moyen de l'utilisation de la méthode ABSALON (§ 4.2.1).

Application de la méthode à la station de production d'eau potable SMAPA 109

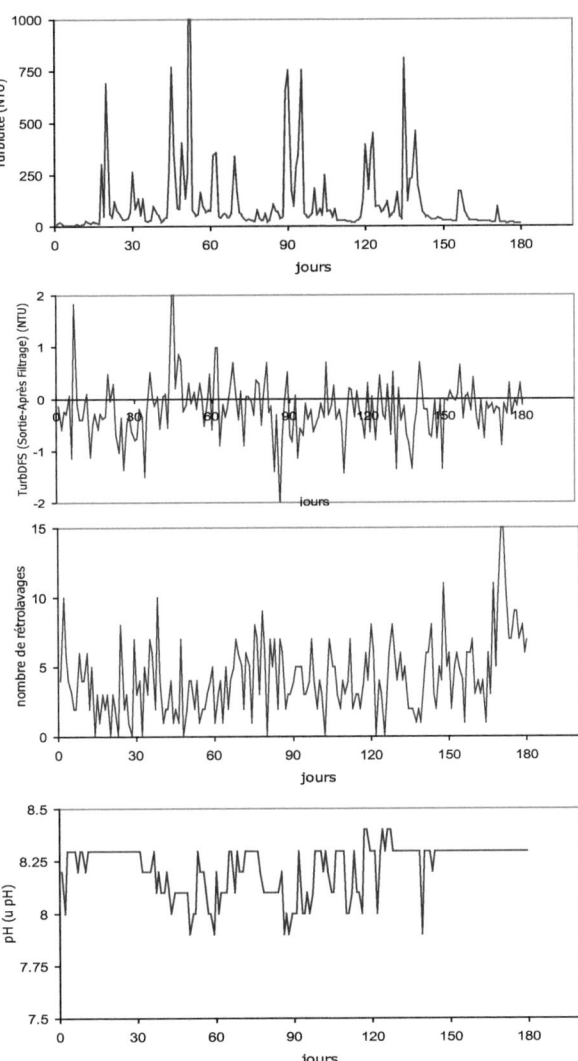

Figure 5. 5 Ensemble des données brutes (saison des pluies, phase d'apprentissage Mai-Octobre 2000)

Le type de prétraitement le mieux adapté a été l'histogramme (figure 5.6) avec trois modalités, pHBas, pHNormal et pHHaut. Les valeurs caractéristiques sont : pHBas (pH < 7,5), pHNormal (7,5> pH <8,4) et pHHaut (ph >8,4).

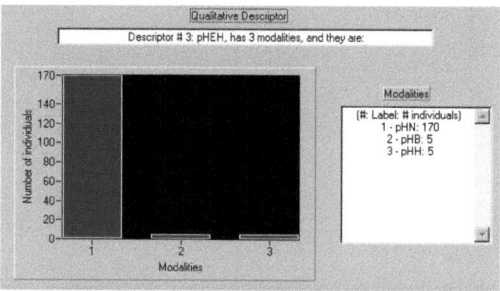

Figure 5. 6 Le descripteur *pH* à l'entrée de la station SMAPA avec 3 modalités

Pour l'analyse de cette période, nous avons donc utilisé comme espace de représentation les descripteurs et les valeurs pour la normalisation donnés dans le tableau 5.2.

Tableau 5.2 L'espace de représentation des données brutes ou prétraitées (saison des pluies, phase d'apprentissage 2000)

Descripteur	Type	Valeurs	
TurbE	quantitatif	Min=0	Max=600
TurbDFS	quantitatif	Min=-2,5	Max= 2,5
pH	qualitatif	Modalités (#individus): pHB (5), pHN (170), pHH (5)	
DoseApp	quantitatif	Min=0	Max= 150
Retrolavag	quantitatif	Min=0	Max= 15

Pour suivre la méthodologie présentée au chapitre précédent, l'identification des états fonctionnels de la station SMAPA présents dans l'ensemble d'apprentissage a été réalisée à l'aide d'un auto-apprentissage, c'est à dire que le nombre de classes n'est pas établi a priori. Seule la classe *NIC* existe. La classification représentée sur figure 5.7 (b) a été obtenue en utilisant la fonction binomiale (équation 2.7, § 2.5.1.2) pour le calcul des adéquations marginales (*DAM*). La famille des connectifs choisie pour obtenir l'adéquation globale (*DAG*) est le *Minimum-Maximum* avec un indice d'exigence de

Alfa=0,9. A partir de ces paramètres, 5 classes ont été obtenues. Ces classes ont été interprétées à l'aide du profil de classes de la figure 5.7 (c). Elles ont été associées aux 5 situations présentées dans le tableau 5.3. Il y a 2 classes qui correspondent au fonctionnement normal et trois classes d'alarme (Algae –pH-, turbidité haute, augmentation des rétrolavages).

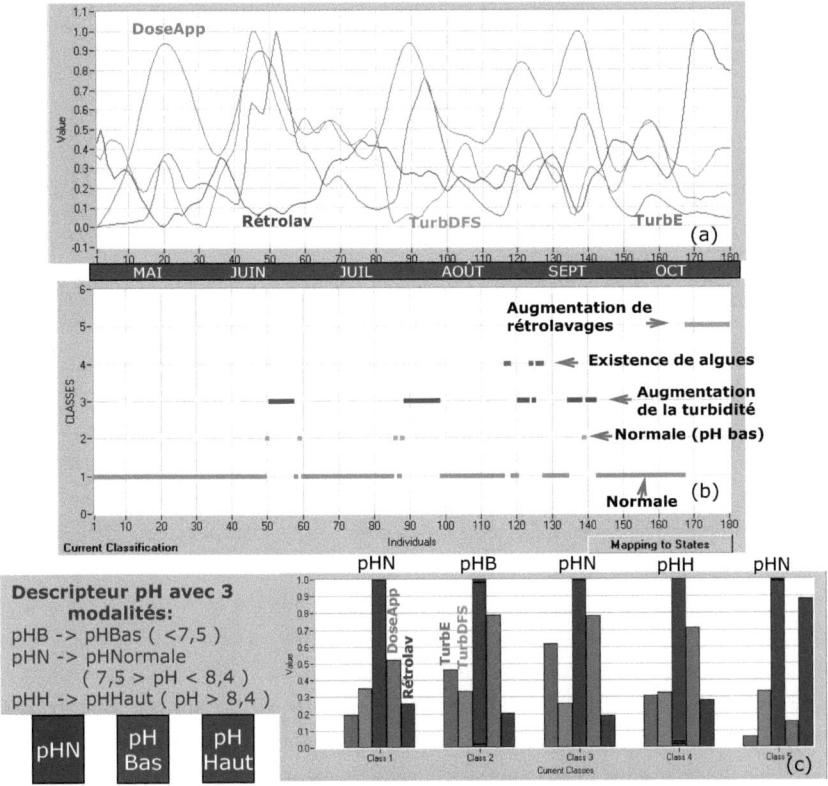

Figure 5. 7 (a)L'ensemble des données prétraitées (saison des pluies, phase d'apprentissage Mai-Octobre2000), (b) classification pour l'identification des états de la station SMAPA lors de la saison des pluies (autoapprentissage), (c) Profil des classes

Tableau 5.3 Description des situations dans la saison des pluies

SITUATION	DESCRIPTION	CLASSE
Opération normale (pluie modérée)	Nous avons la présence de pluie modérée ou il n'y a pas de pluie. Les valeurs des descripteurs se trouvent dans des zones normales de fonctionnement de la station	C1
Opération normale (pH Bas)	Si le pH diminue ceci signifie une diminution du dosage. Il s'agit d'une situation désirable pour la station	C2
Augmentation de la turbidité	Valeurs maximales de la turbidité. Si la turbidité est supérieure à 1500 NTU nous avons la présence d'ouragans	C3
Algues	Des valeurs maximales du pH provoquent la prolifération des algues.	C4
Augmentation des rétrolavages	Augmentation des rétrolavages des filtres à cause de l'augmentation des particules pendant la saison des pluies	C5

5.3.2 Période d'étiage

5.3.2.1 L'apprentissage hors ligne et choix des descripteurs

Pour l'analyse du fonctionnement de la station, on a accès à trois paramètres descripteurs de l'eau : la turbidité (à l'entrée et à la sortie des décanteurs, avant les filtres), la dose de coagulant appliquée et le nombre de rétrolavages des filtres. On remarque que la turbidité et la dose sont fortement dépendantes de la saison. On voit ici tout l'intérêt de disposer d'au moins un an d'archives de données pour déterminer un modèle de comportement fiable. Nous avons pris comme descripteur, la différence entre les valeurs de la turbidité à l'entrée de la station et celles à la sortie des décanteurs. Dans le cas où la valeur de cette différence est négative ceci signifie qu'il y a une accumulation de boues avant les filtres. Nous pouvons détecter des aspects de fonctionnement intéressants dans cette partie, comme l'augmentation de travail des filtres ou la maintenance des décanteurs. Contrairement à la période des pluies, le pH n'est plus utilisé comme descripteur, car comme le montre la figure 5.3 il varie très peu en période d'étiage. La figure 5.8 montre l'évolution des données qui seront utilisées comme base d'apprentissage pour la classification : la turbidité, la différence de la turbidité à l'entrée et avant les filtres, la dose de coagulant et le nombre de rétrolavages. Ces données sur la qualité de l'eau brute sur la période de novembre 2000 à avril 2001, représentent une année typique de fonctionnement de la station. Cette période est représentative par ses valeurs et peut donc être considérée pour développer l'étude.

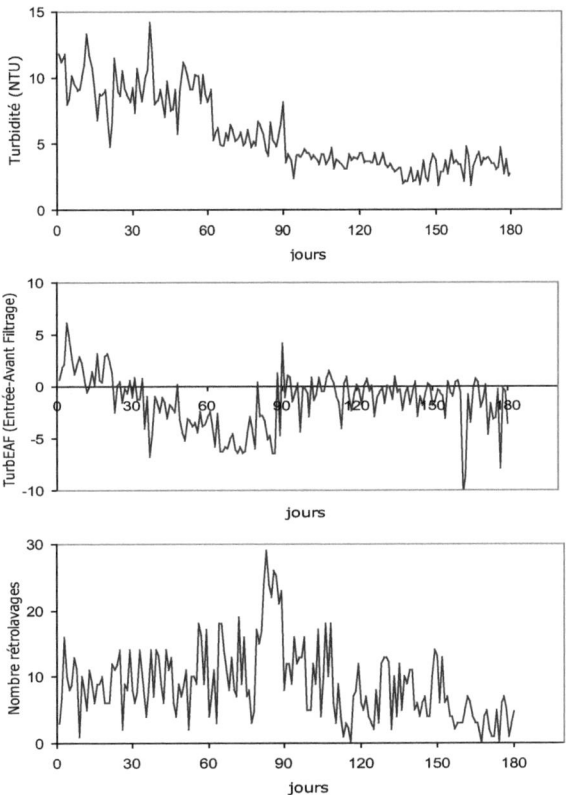

Figure 5. 8 Ensemble des données brutes (période d'étiage, phase d'apprentissage NovDec2000-JanAvril2001)

Avant d'appliquer la méthode de classification *LAMDA*, en utilisant le logiciel SALSA, aux données d'apprentissage de la période d'étiage 2000-2001, les données peuvent être remplacées par des données prétraitées au moyen de l'utilisation de la méthode ABSALON (§ 4.2.1) [HERNANDEZ et LE LANN, 2004]. Le type de prétraitement le mieux adapté a été le filtrage de type passe-bas Butterworth d'ordre 2, afin d'éliminer toutes les variations de type hautes fréquences.

Pour l'analyse de cette période, nous avons utilisé comme espace de représentation les descripteurs et les valeurs pour la normalisation donnés sur le tableau 5.4. La figure 5.9 (a), présente l'ensemble des données pour l'apprentissage utilisées pour l'identification du modèle de comportement de la station SMAPA.

Tableau 5.4 L'espace de représentation des données brutes prétraitées (période d'étiage, phase d'apprentissage 2000-2001)

Descripteur	Type	Valeurs	
		Maximale	Minimale
TurbE	quantitatif	15	0
TurbEAF	quantitatif	5	-5
DoseApp	quantitatif	33	5
Retrolav	quantitatif	15	0

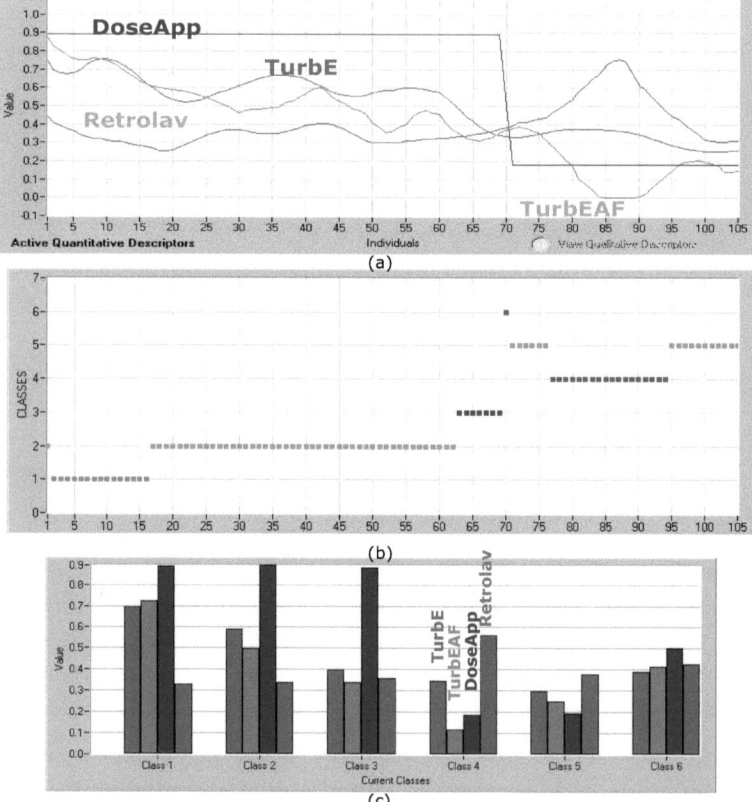

Figure 5. 9 (a) L'ensemble des données brutes prétraitées (période d'étiage, phase d'apprentissage NovDec2000-JanMiFev2001), (b) classification pour l'identification des états de la période d'étiage de la station SMAPA (autoapprentissage), (c) Profil des classes

Comme précédemment, pour l'identification des états fonctionnels de la station SMAPA présents dans l'ensemble d'apprentissage, nous avons réalisé un auto-apprentissage. La classification représentée sur figure 5.9 (b) a été obtenue en utilisant **les mêmes fonctions et valeurs de paramètres** que celles utilisées pour la saison des pluies c'est-à-dire la fonction binomiale (équation 2.7, § 2.5.1.2) pour le calcul des adéquations marginales (*DAM*) et le *Minimum-Maximum* avec un indice d'exigence de Alfa=0,9 pour le calcul de l'adéquation globale (*DAG*). A partir de ces paramètres, 6 classes ont été obtenues. Ces classes ont été interprétées par l'expert selon ses connaissances et à l'aide du profil de classes de la figure 5.9 (c). Elles ont été associées aux 5 situations présentées dans le tableau 5.5. Il y a 2 classes qui correspondent au fonctionnement normal, une classe d'alarme et deux classes de mauvais fonctionnement (boue haut, et étape critique). L'objectif est d'établir une alarme pour pouvoir effectuer la maintenance du système de manière préventive et d'éviter les états de mauvais fonctionnement. La classe 6 n'est pas associée a priori avec un état du système.

Tableau 5.5 Description des situations durant la période d'étiage

SITUATION	DESCRIPTION	CLASSE
Opération normale (fin des pluies)	Les valeurs des variables suivent les conditions normales stables typiques à la fin de la saison des pluies	C1
Opération normale (début de l'étiage)	Les valeurs correspondent à la saison sans pluie. Il n'y a aucune dérivation de l'eau brute. Les variables sont stables avec des valeurs normales d'opération.	C2
Alarme	L'accumulation de boues commence à augmenter ainsi que le nombre de rétrolavages des filtres. Cette alarme indique la période conseillée pour la maintenance des décanteurs.	C3
Critique	Cet état correspond à des quantités importantes de boues et des valeurs du nombre de rétrolavages des filtres très élevées symptomatiques d'un défaut de maintenance des décanteurs.	C4
Boue Haut	Il existe une accumulation de boues dans les décanteurs.	C5
	Cette classe n'est pas associée à priori avec une situation du système. La validation des transitions montrera que cette classe est mal conditionnée.	C6

Selon l'évolution des *DAG*s représentés sur la figure 5.10 et en considérant la matrice de transition, l'automate de la figure 5.11 a été construit.

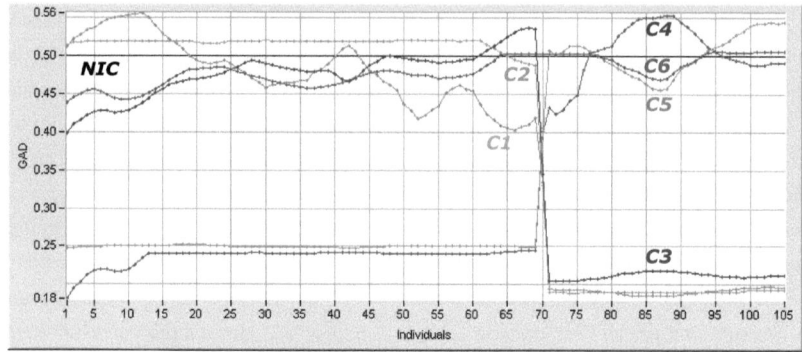

Figure 5. 10 Évolution des *DAG*s pour la classification résultante

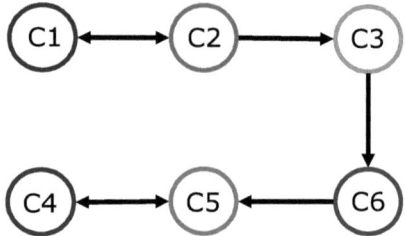

Figure 5. 11 L'automate pour la station SMAPA durant l'étiage (données prétraitées)

Une fois le modèle construit, le suivi des différentes situations attendues, peut être réalisé. Ce suivi est identifié comme étant la phase de reconnaissance, qui vise à associer toute nouvelle observation à l'une des classes déterminée au préalable.

5.3.2.2 Validation des transitions
> **Phase d'apprentissage**

Pour valider les classes et déterminer les transitions qui sont mal conditionnées nous avons appliqué la méthode que nous avons proposée au § 4.2.4.2 sur la validation des transitions. Pour mettre en œuvre cette méthode, il convient de choisir une valeur de seuil. Ce choix a été effectué à la suite de différents tests. Comme il sera montré plus tard, cette valeur est représentative du système et non pas a priori de la base d'apprentissage. Cette valeur de seuil est $\varepsilon=0.0018$ et permet d'invalider la classe 6. Le résultat de la validation des transitions correspond à la Figure 5.12. On peut observer que toutes les autres transitions sont parfaitement validées.

Application de la méthode à la station de production d'eau potable SMAPA   117

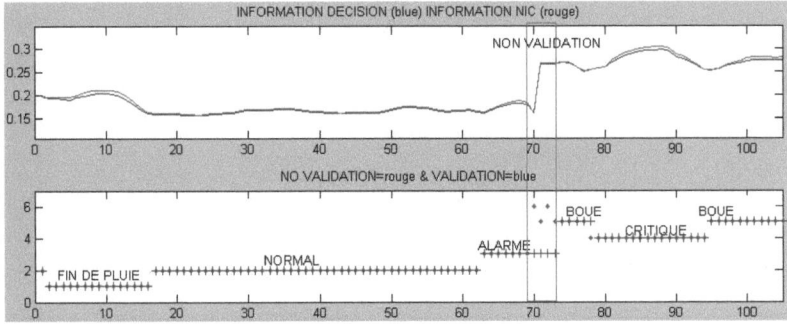

Figure 5. 12 Validation des transitions obtenues lors de la phase d'apprentissage (l'étiage 2000-2001)

➢ **Phase de test**

Pour la reconnaissance, nous avons utilisé le modèle de comportement obtenu avec l'ensemble des données d'apprentissage. On a appliqué deux jeux de données de test, correspondants à deux périodes d'étiage différentes : (a) l'ensemble des données pour la saison d'étiage 2001-2002 et (b) l'ensemble des données pour la saison d'étiage 2003-2004.

(a) L'ensemble des données de test pour la saison d'étiage 2001-2002

Cette validation s'effectue comme dans le cas d'un fonctionnement « en-ligne » : les données sont traitées de manière séquentielle au fur et à mesure qu'elles se présentent. Sur la figure 5.13 (a et b), nous observons les évolutions des variables et des classes pour cette période au fur et à mesure que des observations sont traitées. Cette figure présente les classes lors de la reconnaissance et la situation d'alarme qu'indique la nécessité de maintenance des filtres de la station SMAPA. La figure 5.14 montre la validation des transitions correspondantes à cette période. La classe 6 a été invalidée. Cette classe est considérée comme mal conditionnée. On peut observer que les autres transitions sont parfaitement validées.

(b) L'ensemble des données de test pour la saison d'étiage 2003-2004

La validation a été effectuée de la même manière que celle effectuée pour la période 2001-2002. Nous observons les évolutions des variables et des classes reconnues pour cette période sur la figure 5.15 (a et b). De la même façon que précédemment, on peut voir sur cette figure la reconnaissance de l'alarme qui indique la nécessité de maintenance des filtres. Comme précédemment, nous avons reconnu et validé les états du système et ce qui est important sans modification de la valeur du paramètre ε de la méthode de validation (figure 5.16). Ici aussi, la classe 6 a été invalidée car elle est considérée comme mal conditionnée. Les autres classes sont en revanche validées.

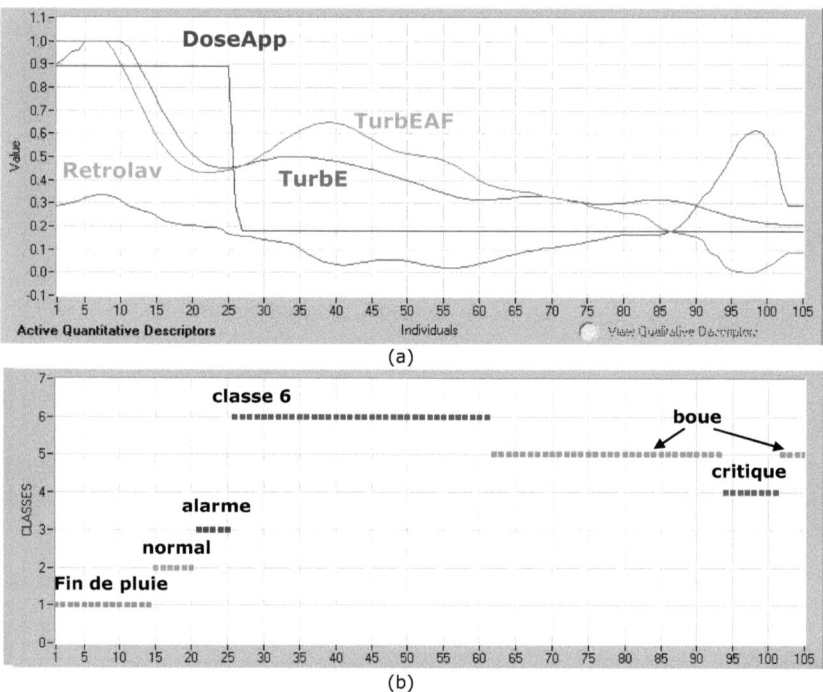

Figure 5. 13 Identification en ligne des états de la station SMAPA lors de la période d'étiage 2001-2002. (a) Ensemble de test. (b) Classes identifiées lors de la reconnaissance (alarme détectée)

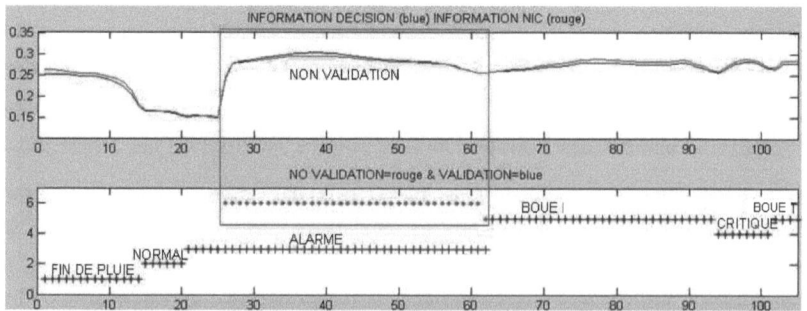

Figure 5. 14 Validation des transitions pour la période d'étiage 2001-2002

Application de la méthode à la station de production d'eau potable SMAPA 119

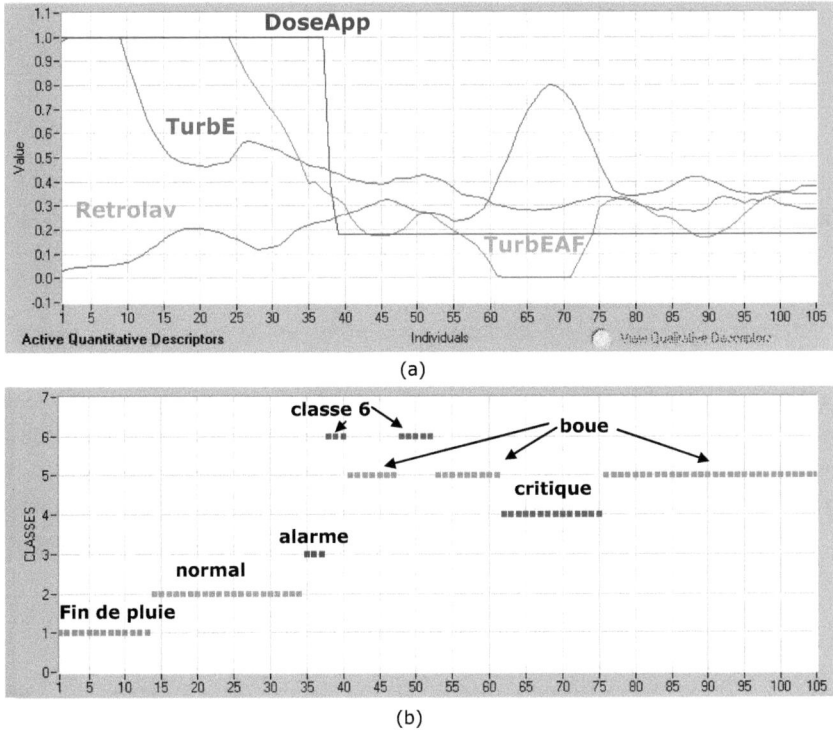

Figure 5. 15 Identification en ligne des états de la station SMAPA lors de la période d'étiage 2003-2004. (a) Ensemble de test. (b) Classes identifiées lors de la reconnaissance (alarme détectée)

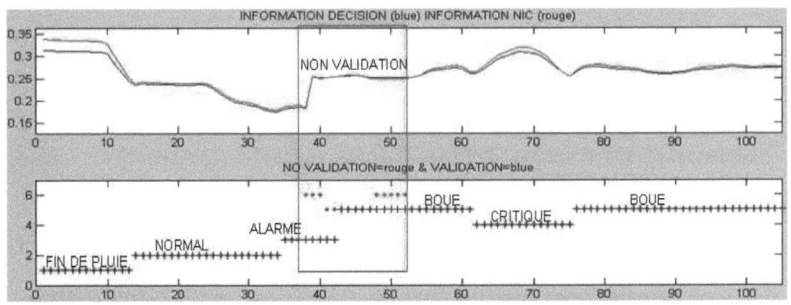

Figure 5. 16 Validation des transitions pour la période d'étiage 2003-2004

Après l'étape de validation des transitions, l'automate qui sera utilisé lors de la phase de reconnaissance est donc celui présenté sur la figure 5.17.

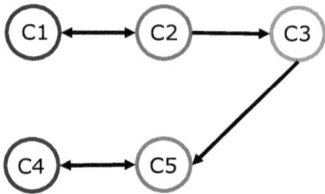

Figure 5. 17 L'automate pour la station SMAPA durant l'étiage après validation des transitions

5.3.2.3 Test final et identification en ligne (reconnaissance)

Pour la reconnaissance en ligne, nous avons utilisé le modèle de référence obtenu avec l'ensemble des données pour la période d'étiage 2000-2001 et avec la validation des transitions montrée dans le paragraphe 5.3.1.2. La figure 5.18 montre les résultats de la reconnaissance des données de test pour les deux périodes 2001-2002 et 2003-2004. Dans les deux cas, nous pouvons observer que la classe 6 n'est pas présente et que toutes les autres ont été correctement identifiées. Donc, la procédure de validation des transitions a bien joué son rôle en invalidant la transition mal conditionnée et en conservant les autres.

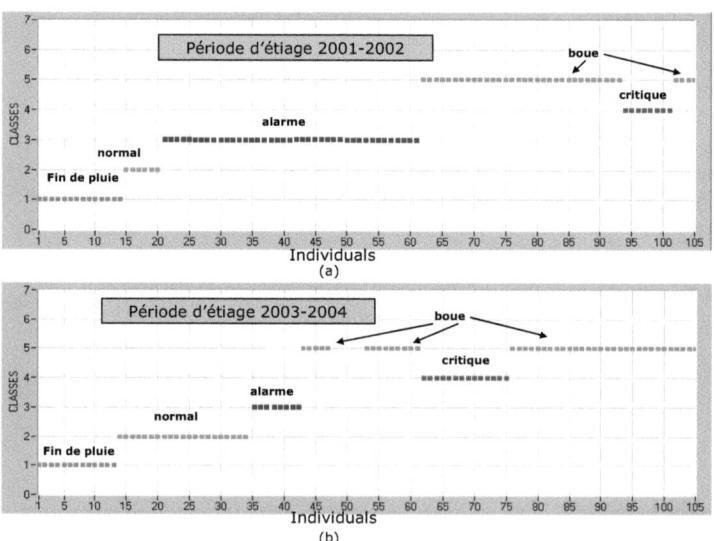

Figure 5. 18 Reconnaissance en ligne des données de test : (a) pour la période d'étiage 2001-2002, (b) pour la période d'étiage 2003-2004.

Revenons sur l'alarme qui indique un besoin de maintenance des décanteurs. Si on compare le début de l'alarme et la date planifiée par la station pour cette maintenance, il s'avère que cette alarme intervient très tôt. En effet, pour la période d'étiage 2000-2001, cette alarme se déclenche 87 jours avant la date planifiée. Un écart encore plus grand peut être observé pour les années de tests : 115 jours pour la période 2001-2002 et 100 jours pour la période 2003-2004. Il apparaît donc très important de disposer de cette alarme pour permettre d'effectuer une maintenance préventive et non plus planifiée. Il est en effet possible de faire de telles maintenances car la période d'alarme est longue et on peut donc prendre la décision de by-passer la totalité ou une partie des décanteurs très tôt.

5.4   Conclusion

Dans ce chapitre nous avons présenté la mise en œuvre de la méthodologie basée sur la technique de classification *LAMDA* permettant de déterminer les états fonctionnels de la station de production d'eau potable et de construire un automate caractérisant le fonctionnement de ce procédé.

Nous avons appliqué la méthode proposée à une base de données issue des historiques d'opération de la station de production d'eau potable de Tuxtla au Mexique. Cette base de données est représentative du fonctionnement de ce type de station puisqu'elle couvre 4 années d'opération et présente des variations importantes des différentes variables mais aussi imprécises liées aux méthodes analytiques de mesure.

Nous avons choisi de concevoir deux modèles de comportement suivant la saison de fonctionnement. Le comportement de la station est en effet très différent suivant ces deux saisons: la saison de pluie et l'étiage. Dans chaque cas, nous avons conçu le modèle de comportement en partant d'un apprentissage hors ligne non-supervisé. Il est à noter que les mêmes fonctions et paramètres de la méthode de classification ont été utilisés dans les deux cas.

Pour la saison des pluies nous avons identifié les différents comportements de la station selon les caractéristiques de la qualité de l'eau brute (ex. comportement normal, détection de la présence d'algues, augmentation des rétrolavages et des niveaux de turbidité à cause des pluies fortes). Cependant, ce n'est pas au cours de cette période que le système est le plus intéressant car les fortes variations des variables sont souvent caractéristiques en elle-même d'un état précis de la station. L'utilisation d'une méthode de classification n'est pas dans ce cas pleinement justifiée, à condition bien sûr de porter une attention accrue sur les bonnes variables.

Concernant la période d'étiage, les résultats sont plus intéressants car ils nous ont permis de trouver le période conseillée pour la maintenance des décanteurs afin d'éviter l'état critique de la station. Cet état de fonctionnement doit être détecté au plus tôt ; ceci participe à la notion de maintenance préventive qui s'oppose à la maintenance planifiée telle qu'elle est opérée aujourd'hui sur cette station. La différence entre les dates de début d'alarme et la date planifiée est très importante, de 87 à 115 jours. Les temps entre le début de l'alarme et l'état dit critique de la station sont très longs : on peut donc effectivement faire de la maintenance préventive car on a le temps de le faire en planifiant les opérations non plus de manière arbitraire mais en relation avec les observations recueillies sur l'unité.

Concernant cette période de fonctionnement, nous avons aussi effectué la validation des transitions, et finalement la reconnaissance en ligne des situations apprises. Nous avons confirmé que la méthode de validation des transitions diminue les effets de bruits ou de perturbations qui peuvent conduire à une « apparence » de transition entre deux classes. Nous avons ainsi invalidé deux classes mal conditionnées sur la période d'étiage (pour l'apprentissage lors de l'année 2000 et pour la reconnaissance, lors des années 2001 et 2003).

CONCLUSION ET PERSPECTIVES

Dans notre travail nous avons proposé un outil de supervision/diagnostic de l'ensemble d'une station de production d'eau potable. Ces travaux ont été basés sur l'exploitation des données acquises sur le système surveillé. Cette stratégie suppose deux étapes : la première consiste dans le développement d'un capteur logiciel basé sur un réseau de neurones permettant de prédire en ligne la dose de coagulant, sur la base des caractéristiques mesurées de l'eau brute. La deuxième étape consiste à élaborer un modèle de référence des états fonctionnels, à partir d'un apprentissage hors ligne. Cet apprentissage utilise des données historiques et, grâce à un dialogue avec les experts et les opérateurs, un ajustement des paramètres du classificateur pour fournir la meilleure représentation a été possible. Ensuite, l'identification en ligne, au moyen de la reconnaissance des états de fonctionnement connus, doit fournir l'image la plus informative et la mieux compréhensible par les opérateurs du fonctionnement de la station.

La méthodologie que nous avons adoptée pour développer le capteur logiciel a permis la construction d'un modèle capable de prédire en temps réel la dose optimale de coagulant à partir d'un ensemble de paramètres descripteurs de la qualité de l'eau brute (turbidité, *pH*, température, etc.). Devant le manque de modèle de connaissance permettant de traduire le fonctionnement de l'étape de coagulation, et la non-linéarité de la fonction à modéliser, notre choix s'est porte sur des RNAs (réseau de neurones artificiels). La détermination de l'architecture du réseau a été effectuée en faisant appel à l'analyse en composantes principales pour déterminer les entrées pertinentes de ce réseau tout en limitant leur nombre et donc la complexité du réseau résultant. Dans une deuxième phase nous avons adopté une procédure itérative pour déterminer le nombre de neurones de la couche cachée. L'avantage du système proposé, par rapport aux autres systèmes existants, est sa robustesse. En effet, la stratégie itérative *MSE/ME* (erreur quadratique moyenne « mean square error » / erreur moyenne) pour déterminer l'architecture d'un PMC (perceptron multicouche) permet de déterminer le nombre de neurones pour éviter un sur-apprentissage qui détériorerait les performances en généralisation. Nous avons montré, dans ce mémoire, que les données du procédé peuvent être employées pour construire par apprentissage un « capteur logiciel » sous la forme d'un RNA qui permet de prévoir précisément la dose de coagulant en fonction des caractéristiques physico-chimiques de l'eau brute. Les résultats expérimentaux utilisant des données réelles ont montré l'efficacité et la robustesse de cette approche. Une comparaison des résultats obtenus avec ceux issus d'une fonction linéaire (issue de l'ACP) a montré tout l'intérêt du choix d'un RNA. La validation sur site est en cours afin de finaliser le système avant son déploiement à grande échelle sur la station SMAPA de production d'eau potable au Mexique. Le système se révèle déjà très utile comme outil d'aide à la décision pour les opérateurs. En particulier, cet outil peut être utilisé comme simulateur d'essais de jar-test par l'opérateur.

Nous avons proposé l'utilisation de l'apprentissage automatique, à partir de la méthode de classification floue *LAMDA*, comme base pour l'identification d'un modèle comportemental de la station de production d'eau potable adapté aux exigences de la supervision automatique. Cette méthode repose sur le concept de degré d'appartenance d'un objet aux classes existantes, qui remplace les critères classiques de distance. Elle se différencie d'autres techniques par la notation de l'adéquation nulle et l'incidente de celle-ci sur la classification. La méthode comporte deux opérations principales : le calcul du degré d'adéquation marginal (*DAM*) et le degré d'adéquation global (*DAG*). Le DAM est calculé à partir d'un choix parmi plusieurs fonctions d'appartenance ayant des propriétés spécifiques, et à l'aide d'une fonction d'adéquation paramétrable. La sélectivité de l'algorithme peut être modulée par le paramètre « d'exigence » de cette fonction. D'ailleurs, nous avons la possibilité de traiter séquentiellement les données et de pouvoir mélanger des informations quantitatives et qualitatives.

La représentation des fonctionnements à l'aide de classes a été complétée par la construction d'une machine à états finis ou automate, à partir de l'estimation des fonctions de transition. Cet automate peut être utilisé pour le suivi des états fonctionnels connus, ainsi que pour la détection des défaillances et pour la détection de nécessitées de maintenance des différentes unités de la station de production d'eau potable.

Nous avons développé une méthode de validation des transitions qui permet de manière automatique, pendant l'étape de reconnaissance, de ne pas tenir compte des classes mal conditionnées. Cette approche permet d'enlever les fausses alarmes favorisant ainsi l'interprétation des classes pour la surveillance. Une avantage de la méthode est qu'elle s'applique aux degrés d'appartenance instantanés et ne demande pas une analyse des attributs des données elles mêmes, ce qui dans de nombreux cas réduit la dimension des vecteurs en présence.

Enfin, nous avons montré l'application de la méthode proposée et la faisabilité de l'approche proposée pour le fonctionnement de la station SMAPA de production d'eau potable sur les deux saisons (l'étiage et la saison des pluies).

De manière générale, plusieurs perspectives peuvent être envisagées, d'une part concernant la méthode de classification floue *LAMDA*, qui peut être complémentée avec l'utilisation d'autres algorithmes en parallèle pour permettre d'améliorer les résultats ; d'autre part dans le développement d'une méthodologie permettant d'optimiser la partition obtenue en termes de compacité et de séparation des classes en jouant sur les différents algorithmes disponibles pour calculer les degrés d'appartenance ainsi que les paramètres qui y sont associés comme l'exigence. Ces travaux devraient améliorer fortement l'application de cette méthodologie dans le domaine du diagnostic de procédés complexes. De plus, la formalisation d'une méthode pour la détermination de la dynamique entre états fonctionnels est une tâche indispensable pour que l'approche puise évoluer vers la construction de modèles dans le domaine du diagnostic de procédés complexes.

La suite immédiate à ce travail est la mise en œuvre in situ du capteur logiciel mais aussi de la procédure de diagnostic développée. Grâce aux contacts fructueux que nous avons eu avec le responsable de la station SMAPA, il semble que cette possibilité devienne tout à fait envisageable.

BIBLIOGRAPHIE

[AFNOR,1994] AFNOR Norme expérimentale X60-010. Maintenance - Concepts et définition des activités de maintenance. AFNOR, premier tirage, Paris, 1994.

[AGUADO,1998] AGUADO, J.C. A mixed qualitative quantitative self learning classification technique applied to situation assessment in industrial control. Thèse de doctorat, Universitat Politècnica de Catalunya, 1998.

[AGUILAR et LOPEZ, 1982] AGUILAR J., LOPEZ R. The process of classification and learning the meaning of linguistic descriptors of concepts" Approximate Reasoning in Decision Analysis p. 165-175. North Holland, 1982.

[AGUILAR-MARTIN et al., 1999] AGUILAR-MARTIN J., WAISSMAN-VILANOVA J., SARRATE-ESTRUCH R., et DAHOU B. Knowledge based measurement fusion in bio-reactors, IEEE EMTECH, 1999.

[AGUILAR-MARTIN et al.,1980] AGUILAR-MARTIN, J., M. BALSSA M., LOPEZ DE MANTARAS R. Estimation récursive d'une partition. Exemples d'apprentissage et auto-apprentissage dans R^n et I^n. Rapport technique 880139, LAAS/CNRS, 1980.

[AGUILAR-MARTIN et al.,1982] AGUILAR-MARTIN, J., R. LOPEZ DE MANTARAS. The process of classification and learning the meaning of linguistic descriptors of concepts". Approximate reasoning in decision analysis, north-Holland, 1982.

[AGUILAR-MARTIN,1996] AGUILAR-MARTIN, J. Knowledge-based real time supervision. Tempus-Modigy workshop. Budapest, Hongrie, 1996.

[AL-SHARHAN et al., 2001] AL-SHARHAN S., KARRAY F., GUEAIEB W., BASIR O. Fuzzy Entropy: a Brief Survey, IEEE International Fuzzy Systems Conference 2001.

[ATINE, 2005] ATINE J.C.«Méthodes d'apprentissage floue : Application à la segmentation d'mages biologiques». Thèse de doctorat Institut National des Sciences Appliquées, Toulouse, France, 2005.

[BABA et al.,1990] BABA K., ENBUTU I., YODA M., Explicit representation of knowledge acquired from plant historical data using neural network. International Joint Conference on Neural Networks. Washington, D.C., 1990, 155-160.

[BAXTER et al., 2002] BAXTER C.W., STANLEY S.J., ZHANG Q., SMITH D.W. Developing artificial neural network process models of water treatment process: a guide for utilities. Eng. Sci./Rev. gen. sci. env. 1(3): pp 201-211, 2002.

[BERGOT et GRUDZIEN,1995] BERGOT M., GRUDZIEN L. « Sûreté et diagnostic des systèmes industriels. Principaux concepts, méthodes, techniques et outils », Diagnostic et sûreté disfonctionnement, Vol. 5 n°3, pp317-344, 1995.

[BISSHOP,1995] BISHOP C. Neural networks for pattern recognition, Oxford University Press, New York, USA, 1995.

[BISWAS et al.,2004] BISWAS G., CORDIER M.O., LUNZE J., TRAVE-MASSUYES L., STAROSWIECKI M. Diagnosis of complex systems : Bridging the methodologies of the FDI and DX comunities. IEEE transactions on systems, man, and cybernetics-Part B: Cybernetics, Vol 34 No. 5, pp 2159-2162, octobre 2004.

[BOILLEREAUX et FLAUS,2003] BOILLEREAUX L., FLAUS J.M. Comande et supervision. Les procédés agroalimentaires 2. Lavoisier ISBN 2-7462-0755-9, 2003.

[BOMBAUGH et al.,1967] BOMBAUGH K. J., DARK W. A., COSTELLO L. A., Application of the Streaming Current Detector to Control Problems, in Proceedings of 13th National ISA Analysis Instrument Symposium, Houston, USA, 1967.

[BRODART et al., 1989] BRODART E., BORDET J., BERNAZEAU F., MALLEVIALLE J. et FIESSINGER F., Modélisation stochastique d'une usine de traitement de l'eau potable. 2ème Rencontres Internationales Eau et Technologies Avancées. Montpellier, 1989.

[CARDOT,1999] CARDOT C. Les traitements de l'eau. Procédés physico-chimiques et biologiques. Ellipses Edition Marketing S.A., 1999.

[CART et al.,2001] CART B., GOSSEAUNE V., KOGUT-KUBIAK F., TOUTIN M-H. La maintenance industrielle. Une fonction en évolution, des emplois en mutation. Centre d'Etudes et Recherche sur les Qualifications. Bref n°174, Avril 2001.

[CHAN et al., 1989] CHAN, M., AGUILAR-MARTIN J., J. CARRETE, N., CELSIS, P., et VERGNES, J. M., Classification techniques for feature extraction in low resolution tomographic evolutives images :application to cerebral blood flow estimation. In 12th Conf. GRESTI, 1989.

[CHEM,2006] Projet CHEM disponible sur : http://www.chem-dss.org/

[CIDF-LdesEaux,2000] CIDF Centre International De Formation. Principes généraux de traitement des eaux, Lyonnaise des Eaux, 2000.

[COLLINS et al.,1992] COLLINS G., ELLIS G., Information processing coupled with expert systems for water treatment plants. ISA Transactions. Water and Wasterwater Instrumentation, 1992.

[COLOMER et al.,2000] COLOMER J., MELENDEZ J., AYZA J. Sistemas de supervisión : introducción a la monitorización y supervisión experta de procesos : métodos y herramientas. Barcelona : Cetisa Boixareu, 83 p, 2000.

[COX et al.,1994] COX C., GRAHAM J., Steps toward automatic clarification control. Computing and Control Division Coloquium on Adv in Control the Process Ind. IEE Coloquium Digest, 81, 6/1-6/4, 1994.

[DAGUINOS et al.,1998] DAGUINOS T., KORA R., FOTOOHI F., Emeraude: Optimised automation system for water production plants and small networks, in Proceedings of IWSA, Amsterdam,1998.

[DASH et VENKATASUBRAMANIAN, 2000] DASH S., VENKATASUBRAMANIAN V. Challenges in the industrial applications of fault diagnostic systems. Computers and chemical engineering 24, pp 785-791, Elsevier, 2000.

[De LUCA et TERMINI, 1974] De LUCA, TERMINI S. Entropy of L-fuzzy sets. Information and control, 24, pp.55-73 1974.

[De LUCA et TERMINI,1972] De LUCA, TERMINI S. A Definition of Non Probablilistic Entropy in the Setting of Fuzzy Set Theory. Information and Control, 20:301-312,1972

[DEGREMONT,2005] DEGREMONT, Mémento technique de l'eau : Tome 2. Lavoisier SAS – Lexique technique de l'eau, Paris, dixième edition, 2005.

[DEMOTIER et al.,2003] DEMOTIER S., DENOEUX T., SCHÖN W., ODEH K. A new approach to assess risk in water treatment using the belief function framework. IEEE 0-7803-7952-7/03, pp 1792-1797, 2003.

[DESROCHES,1987] DESROCHES, P., Syclare : Système de classification avec apprentissage et reconnaissance des formes. Manuel d'utilisation. Centre d'Etudis Avançaits de Blanes, 1987.

[DIEZ et AGUILAR-MARTIN, 2006] DIEZ E., AGUILAR-MARTIN J. Proposition d'Entropie non Probabiliste comme Indice de Fiabilite dans la Prise de Décisions, submitted CCIA'2006.

[DOJAT et al., 1998] DOJAT M., RAMAUX N., FONTAINE D. Scenario recognition for temporal reasoning in medical domains. Artificial Intelligence in Medicine, tome14, pp139-155, 1998.

[DUBUISSON, 2001] DUBUISSON B., Diagnostic, intelligence artificielle et reconnaissance des formes. Hermes science ISBN 2-7462-0249-2, 2001.

[DUCH et JANKOWSKI, 1999] DUCH W., JANKOWSKI N., Survey of neural transfer functions. Neural Computing Surveys, 1999, 2, 163-213.

[EFRON et TIBSHIRANI, 1993] EFRON B. et THBSHIRANI R.J. An introduction to the Bootstrap. New York. Chapmann & Hall, 1993.

[EISEMBERG, 1969] EISENBERG D., and KAUZMAN W. The structure and Properties of Water. Oxford University Press, New York and London, 1969.

[FLAUS, 1994] FLAUS J.M. La régulation industrielle: Régulateurs PID, prédictifs et flous. Hermes Sciences Publications. Série automatique. ISBN 2866014413, 21 octobre 1994.

[FLETCHER et al., 2001] FLETCHER I., ADGAR A., COX C.S., BOEHME T.J. Neural Network applications in the water industry. The Institute of Electrical Engineers IEE pp 16/1-16/6, London, UK, 2001.

[FOTOOHI et al., 1996] FOTOOHI F., KORA R., NACE A., Saphir: an optimising tool on a drinking water distribution networks, Proceedings of Hidroinformatics'96, Zurich, 1996.

[GAGNON et al., 1997] GAGNON C., GRANJEAN B., THIBAULT J., Modelling of coagulant dosage in a water treatment plant. Artificial Intelligence in Engineering. 1997, 401-404.

[GALINDO, 2002] GALINDO M., AGUILAR-MARTIN J., « Interpretación secuencial de encuestas con aprendizaje *LAMDA*. Aplicación al diagnóstico en psicopatología" IBERAMIA'02-Iberoamerican Conference on Artificial Intelligence, Seville, Espagne, 2002.

[GALLINARI, 1997] GALLINARI P. Heuristiques pour la généralisation. THIRIA S., LECHEVALLIER Y., GASCUEL O., CANU S. (Editeurs). "Statistiques et Méthodes neuronales", Chapitre 14, pp 230-243, Dunod, Paris, 1997.

[HERNANDEZ et LE LANN, 2004] HERNANDEZ H., LE LANN M-V. Application of classification method by abstraction of signals to the coagulation process of a drinking water treatment plant unit, 11th International Congress on Computer Science Research (CIICC'04), Mexico (Mexique), pp.105-112, 29 Septembre - 1er Octobre 2004.

[HERNANDEZ et LE LANN, 2006] HERNANDEZ H., LE LANN M-V. Development of a neural sensor for the on-line prediction of coagulant dosage in a potable water treatment plant in the way of its diagnosis, accepted IBERAMIA 23-27 October 2006.

[HIMMELBLAU,1978] HIMMELBLAU, D.M. Fault diagnosis in chemical and petrochemical process. Elsevier Predd, Amsterdan, 1978.

[HOPCROFT et ULLMAN,1979] HOPCROFT J., ULLMAN J. Introduction to automata theory, languages, and computation, Addison-Wesley, New York, USA, 1979.

[IRI et al.,1979] IRI M., AOKI K., O'SHIMA E., MATSUYAMA H. An algorithm for diagnosis of system failures in chemical processes. Computers and Chemical Engineering, 3, pp 489-493, 1979.

[ISERMAN,1997] ISERMAN R. Supervision, Fault Detection and Fault Diagnosis methods – an introduction. Control Eng Practice, Vol 5, No. 5, pp 639-652, Elsevier, 1997.

[JOLLIFFE, 1986] JOLLIFFE I.T. principal components analysis. Springer-Verlag Press, 1986.

[KAVURI et VENKATASUBRAMANIAN, 1994] KAVURI S.N., VENKATASUBRAMANIAN V. Neural network decomposition strategies for large scale fault diagnosis. International journal of control 59 (3), pp 767-792, 1994.

[KEMPOWSKY,2004a] KEMPOWSKY T. « Surveillance de procédés à base de méthodes de classification : Conception d'un outil d'aide pour la détection et le diagnostic des défaillances ». Thèse de doctorat, Institut National des Sciences Appliquées, Toulouse, France, décembre 2004.

[KEMPOWSKY, 2004b] KEMPOWSKY T., SALSA user's manual. Rapport LAAS-CNRS no. 04160, 2004.

[KEMPOWSKY et al.,2006] KEMPOWSKY T., SUBIAS A., AGUILAR-MARTIN J. Process situation assessment: From a fuzzy partition to a finite state machine, Engineering Applications of Artificial Intelligence, In Press, Corrected Proof, Available online 11 April 2006.

[KOSKO,1986] KOSKO B. Fuzzy entropy and conditioning. Information Sciences, vol. 40, pp.165-174, 1986.

[LAMRINI et al.,2005] LAMRINI B., BENHAMMOU A., LE LANN M-V., KARAMA A., A neural software sensor for on-line prediction of coagulant dosage in a drinking water treatment plant. Transactions of the Institute of Measurement and Control, 2005.

[LAMRINI et al.,2005] LAMRINI B., LE LANN M-V., BENHAMMOU A., , LAKHAL K., Detection of functional states by the "*LAMDA*" classification technique: application to a coagulation process in drinking water treatment. Elsevier, C.R. Physique 6 pp1161-1168, 2005.

[LAPP and POWERS, 1977] LAPP S.A., POWERS G.A. Computers-aided synthesis of fault-trees. IEEE Transactions on Reliability, 37, pp 2-13, 1977.

[LEONARD et KRAMER,1990] LEONARD J.A., KRAMER M.A. Lilitations of backpropagation approach to fault diagnosis and improvements with radial basis functions. AIChE annual meeting, Chicago, USA, 1990.

[LIND,1994a] LIND C., Coagulation Control and Optimization: Part 1, Public Works,Oct. 1994.

[LIND,1994b] LIND C., Coagulation Control and Optimization: Part 2, Public Works, Nov. 1994.

[LIND,1995] LIND C., A coagulant road map, Public Works, 36-38, March 1995.

[LIPMANN et al.,1995] LIPMANN R.P., KUKOLICH L. et SHAHIAN D. Predicting of complications in coronary artery bypass operating using neural networks, In G. Tesauro et al. (Eds), advances in neural information processing systems 7, Menlo park, CA: MIT press, 1055-1062, 1995.

[MASSCHELEIN,1999] MASSCHELEIN W.J., Processus unitaires du traitement de l'eau potable. Editeur : Cebedoc (novembre 5, 1999).

[MATLAB,2001] MATLAB, Neural Networks Toolbox, User'guide, Inc., 2001.

[MCCULLOCH et PITTS,1943] MCCULLOCH W.S., PITTS W., A logical calculs of the ideas immanent in nervous activity. Bulletin of Math. Biophysics, 5, 1943.

[MILLOT, 1988] MILLOT P. Supervision de procédés automatisés et ergonomie. Hermes, Paris, 1988.

[MIRSEPASSI et al.,1997] MIRSEPASSI A., CATHERS B., DHARMAPPA H., Predicted of chemical dosage in water treatment plants using ANN and Box-Jenkings models. Preprints of 6th IAWQ Asia-Pacific Regional Conference. Korea, 1997, 16-561-1568.

[MOLLER, 1993] MOLLER M., Efficient training of feed-fordward neural networks. PhD thesis, Computer Science Department, Arthus University, Denmark, december 1993.

[MONTGOMERY,1985] MONTGOMERY J. Water Treatment Principles and Design. John Wiley & Sons, ISBN 0-471-04384-2, USA, 1985.

[MYLARASWAMY,1996] MYLARASWAMY D. Dkit: a blackboard-based, distributed, multi-expert environment for abnormal situation management, *PH* Thesis, School of chemical engineering, Purdue University, USA ,1996.

[NONG et McAVOY, 1996] DONG D., McAVOY T.J. Back tracking via nonlinear principal component analysis. American Institute of chemical enginners journal, 42(8), pp 2199-2208, 1996.

[NORGAARD et al.,2000] NRGAARD M., RAVN O., POULSEN N., Neural networks for modelling and control of dynamic systems. Springer-Verlag limited 2000.

[OJA et al., 1992] OJA E., OGAWA H., WANGVIWATTANA J. Principal component analysis by homogeneous neural networks, part I & part II: the weighted subspace criterion. IEICE Transactions INF & Syst, Vol E75-D, 3, pp 366-381, 1992.

[ORANTES, 2005] ORANTES A. «Méthodologie pour le placement des capteurs à base de méthodes de classification en vue de son diagnostic ». Thèse de doctorat, Institut National des Sciences Appliquées, Toulouse, France, octobre 2005.

[PAL et BEZDEK, 1993] PAL N. R., BEZDEK J.C. Several new classes of measures of fuzziness, Proc. IEEE Int. Conf. on Fuzzy Syst., 928-933, Mar. 1993.

[PEIJIN et COX,2004] PEIJIN W., COX C. Study on the application of auto-associative neural network. IEEE ICSP'04 Proceedings, pp 1570-1573, 2004.

[PETTI et al., 1990] PETTI T.F., KLEIN J., DHURJATI P.S. Diagnostic model processor: using deep knowledge for process fault diagnosis. American Institute of Chemical Engineering Journal, 36(4), pp 565-575,1990.

[PIERA, et al.,1989] PIERA N., AGUILAR-MARTIN J. "*LAMDA*: An incremental conceptual clustering method. Rapport Technique LAAS-CNRS No. 89420, décembre 1989.

[PIERA, et al.,1991] PIERA N., AGUILAR-MARTIN J. Controlling selectivity in non-standard pattern recognition algorithms ». IEEE transactions on systems, man and cybernetics, Vol 21, No. 1, 1991.

[PLOIX,1998] S. Ploix. Diagnostic des systèmes incertains. Approche bornante. Thèse de l'Université Henri Poincaré, CRAN, Nancy 1, France, 1998.

[PNSE,2005] PNSE Plan National Santé-Environnement. France, 2006. Disponible sur :

http://www.sante.gouv.fr/htm/dossiers/pnse/sommaire.htm

[RODRIGUEZ al.,1996] RODRIGUEZ M., SERODES J., Neural network-based modelling of the adequated chlorine dosage for drinking water disinfection, Canadian journal of civil engineering, Vol 23, 621-631, 1996.

[RUMELHART et McCLELLAND,1993] RUMELHART D., McCLELLAND J., Parallel distribution processing: exploration in the microstructure of cognition, Cambridge, MA,1986, MIT Press, 1.

[SARRATE,2002] SARRATE, R. Supervisió Intelligent de Processos Dinàmics Basada en Esdeveniments (ABSALON: Abstraction Analysis on-line). Thèse de doctorat, Universitat Politècnica de Catalunya. Terrassa, març (2002)

[SHANNON, 1948] SHANNON C. A mathematical theory of communication. Bell Syst., Tech., 27 :379-423, 1948.

[SMAPA,2005] SMAPA, Sistema Municipal de Agua Potable y Alcantarillado de Tuxtla. Manual de procedimientos, Tuxtla Gtz., Chiapas, México, 2005.

[TOSCANO, 2005] TOSCANO R., Commande et diagnostic des systèmes dynamiques: Modélisation, analyse, commande par PID et par retour d'état, diagnostic. Ellipses édition Marketing, S. A., 2005.

[TRAVE-MASSUYES et al.,1997] L. Travé-Massuyès, P. Dague, F. Guerrin. Le raisonnement qualitatif. Hermès, France, 1997.

[TRILLAS et ALSINA, 1979] TRILLAS E., ALSINA C. Sur les mesures du dégrée du flou. Stochastica, vol.III pp. 81-84, 1979.

[TRILLAS et RIERA, 1978] TRILLAS E., RIERA T. Entropies in finite fuzzy sets. Information Sciences 15, 2, pp. 159-168, 1978.

[TRILLAS et SANCHIS, 1979] TRILLAS E., SANCHIS C. On entropies of fuzzy sets deduced from metrics. Estadistica Española 82-83, pp. 17-25, 1979.

[VALENTIN,2000] VALENTIN N. Construction d'un capteur logiciel pour le contrôle automatique du procédé de coagulation en traitement d'eau potable. Thèse de doctorat, UTC/Lyonnaise des Eaux/CNRS, 2000.

[VALIRON,1989] VALIRON F., Gestion des eaux : alimentation en eau – assainissement, Presses de l'école nationale des ponts et chaussées, Paris, 1989.

[VALIRON,1990] VALIRON F., Gestion des eaux : automatisation-informatisation-télégestion, Presses de l'école national de ponts et chaussées, 1990.

[VEDAM et al., 1997] VEDAM H., VENKATASUBRAMANIAN V. A wavelet theory-based adaptive trend analysis system for process monitoring and diagnosis. American Control Conference, pp 309-313, 1997.

[VENKATASUBRAMANIAN et al.,1995] VENKATASUBRAMANIAN V., KAVURI S.N., RENGASWAMY R. A review of process fault diagnosis. CIPAC Technical report, Department of Chemical Engineering, Purdue University, USA, 1995.

[VILLA et al.,2003] VILLA J.L.,DUQUE M.,GAUTHIER A.,RAKOTO-RAVALONTSALAMA N.Modeling and control of a water treatment plant. IEEE 0-7803-7952-7/03, pp171-180, 2003.

[WAISSMAN-VILANOVA, 2000] Waissman-Vilanova J., Construction d'un modèle comportemental pour la supervision de procèdes : application à une station de traitement des eaux. Thèse de doctorat, Institut National Polytechnique de Toulouse, France, 2000.

[WEBER, 1999] WEBER P. Diagnostic de procédé par l'analyse des estimations paramétriques de modèles de représentation à temps discret. Thèse de l'Institut National Polytechnique de Grenoble, France, 1999.

[YU et al.,2000] YU R., KANG S., LIAW S., CHEN M., Application of artificial neural network to control the coagulant dosing in water treatment plant. Water Science & Tech 2000, Vol 42 No., 403-408.

[ZAYTOON,2001] ZAYTOON J. Systèmes dynamiques hybrides, HermesScience Publications, Paris, 2001.

[ZWINGELSTEIN,1995] G. ZWINGELSTEIN. Diagnostic des défaillances – Théorie et pratique pour les systèmes industriels. Traité des Nouvelles Technologies, série Diagnostic et Maintenance. Hermès, Paris, 1995.

ANNEXE A. REGLEMENTATION SUR L'EAU POTABLE

Les pouvoirs publics ont souligné les enjeux sanitaires liés à une distribution d'eau potable de bonne qualité en définissant des objectifs ambitieux dans la loi de politique de santé publique d'août 2004 et dans le Plan National Santé Environnement (PNSE) 2004-2008 [PNSE,2005]. Parmi les objectifs annexés à la loi n° 2004-806 du 9 août 2004 relative à la politique de santé publique, un objectif quantifié visant à « diminuer par deux jusqu'à 2008 le pourcentage de la population alimentée par une eau de distribution publique dont les limites de qualité ne sont pas respectées pour les paramètres microbiologiques et les pesticides » a été fixé. Le PNSE adopté par le gouvernement le 21 juin 2004, en application de la loi relative à la politique de santé publique du 9 août 2004, comprend trois objectifs prioritaires :

> Garantir un air et **une eau de bonne qualité** ;
> Prévenir les pathologies d'origine environnementale et notamment les cancers ;
> Mieux informer le publique et protéger spécialement les populations sensibles (enfants et femmes enceintes).

Le tableau A.1 rassemble les valeurs adoptées par l'organisation mondiale de la santé (OMS), la communauté européenne (CEE), la France et le Mexique sur la réglementation de la qualité de l'eau potable [DEGREMONT,2005 ; SMAPA,2005]. La directive de la CEE regroupe 62 paramètres regroupés en cinq catégories :

> Paramètres organoleptiques
> Paramètres physico-chimiques
> Paramètres concernant des substances indésirables
> Paramètres concernant des substances toxiques
> Paramètres microbiologiques

Pour chaque paramètre, il est défini un Niveau-Guide (NG) : c'est la valeur qui est considérée comme satisfaisante et qu'il faut chercher à atteindre. Pour certain paramètres, il est également fixé une concentration maximale admissible (CMA) : l'eau distribué doit alors avoir une valeur inférieure ou égale à cette valeur. Lorsque la concentration dans l'eau brute est supérieure à cette valeur, il emporte de mettre en œuvre le traitement correspondant.

Tableau A.1 Réglementation concernant la qualité de l'eau à la consommation

Paramètres	Directive CEE NG	Directive CEE CMA	France	Mexique [NOM-127,1994]
Couleur (mg/l Pt-Co)	1	20	15	20
Turbidité unité JACKSON (NTU)	0,4	4	2	5
Température (°C)	12	25	25	30
pH (u pH)	6,5-8,5		6,5-9	6,5-8,5
Conductivité (µS/cm) à 20°C	400		250	
Sulfate (mg/l SO$_4$)	25		25	40
Chlorure (mg/l Cl)	200	200	250	250
Dureté totale d°F (mg/l CaCO$_3$)	60	60	300	500
Chlore résiduel (ppm)	0,1	0,5	0,1	0,2-1,50
Calcium (mg/l Ca)	100		150	200
Magnésium (mg/l Mg)	30	50	25	15
Aluminium (mg/l Al)	0,05	0,2	0,2	0,5

ANNEXE B. EXEMPLE D'APPLICATION DE LA METHODE *LAMDA*

Pour mieux comprendre la méthode *LAMDA*, nous donnons dans ce qui suit un exemple de classification en utilisant des descripteurs quantitatifs et un apprentissage avec 2 classes prédéfinies initialement (mode d'apprentissage supervisé), classes aussi appelées classes professeurs.

Nous utilisons la fonction « Binomiale » pour calculer les *GAD*s et le produit comme opérateur logique pour le calcul du *MAD*.

Nous présentons dans le tableau B.1 le contexte de la classification et les valeurs normalisés des descripteurs pour chaque élément en utilisant l'équation B.1. Soit :

n_d = Nombre de descripteurs = 3

n_l = Nombre d'éléments déjà classés = 5

pcl = Nombre de classes professeur (classes déjà créées) = 2 (trois éléments dans la classe 1, deux éléments dans la classe 2)

nec = nombre d'éléments dans la clase

Tableau B.1 Valeurs brutes et valeurs normalisés d_i pour chaque élément

Éléments x	d_1	d_2	d_3	*pcl*: classe professeur	d_1 normalisé	d_2 normalisé	d_3 normalisé
X_1	0	2	16	1	0	0.2	0.8
X_2	3	2	5	1	0.3	0.2	0.4
X_3	10	1	20	2	1	0	1
X_4	4	6	10	2	0.4	1	0.5
X_5	5	6	0	1	0.5	1	0
	Contexte						
X_{max}	10	6	20				
X_{min}	0	1	0				

$$x_i = \frac{x_i - x_{min}}{x_{max} - x_{min}} \quad (B.1)$$

L'étape suivante est le calcul des paramètres des classes « professeur » et de la classe *NIC*, en évaluant la moyenne des valeurs normalisés :

Pour la classe 1 :	Pour la classe 2 :	Pour la classe 0 (*NIC*) :
$\rho(x_1/C_1)$ = (0 + 0.3 + 0.5) / 3 = 0.27	$\rho(x_1/C_2)$ = 0.7	$\rho(x_1/C_0)$ = 0.5
$\rho(x_2/C_1)$ = (0.2 + 0.2 + 1) / 3 = 0.47	$\rho(x_2/C_2)$ = 0.75	$\rho(x_2/C_0)$ = 0.5
$\rho(x_3/C_1)$ = (0.8 + 0.4 + 0) / 3 = 0.4	$\rho(x_3/C_2)$ = 0.75	$\rho(x_3/C_0)$ = 0.5
nec = 3	*nec* = 2	N_0 = 1
Paramètres classe 1 :	Paramètres classe 2 :	Paramètres classe *NIC* (fonction binomiale d'appartenance) :
C_1=[0.27, 0.47, 0.4]	C_2=[0.7, 0.75, 0.75]	C_0=[0.5, 0.5, 0.5]

N_0 définit l'initialisation de l'apprentissage, sa valeur peut-être choisie arbitrairement, il n'influe pas sur le résultat de la classification.

Notre objectif est de classer un nouvel élément X_6 sur la base des paramètres des classes déjà existantes. Soit cet élément avec les valeurs normalisés (0.1,0.1,0.9).

Nous calculons :

1. Les degrés d'appartenance marginale (*MAD*) par rapport à chaque descripteur :

$$\mu_i(x_i/C_k) \equiv \rho_{k,i}^{x_i}(1-\rho_{k,i})^{(1-x_i)} \tag{B.2}$$

où $\rho_{k,i}$ est le paramètre *i* de la classe *k*, x_i est la valeur du descripteur *i* de ce nouvel élément, et $\mu_i(x_i/C_k)$ est le degré d'appartenance du descripteur *i* à la classe *k* existante.

Pour la classe vide (*NIC*) :

$$\mu_i(x_i/C_0) = (0.5)^{x_i}(0.5)^{(1-x_i)} = 0.5$$

Le degré d'appartenance sera toujours de 0.5

Le résultat des calculs des *MAD*s par rapport à l'élément X_6 sont les trois vecteurs suivants :

$$\mu(X_6/C_1) = [0.66, 0.52, 0.37]$$
$$\mu(X_6/C_2) = [0.33, 0.5, 0.67]$$
$$\mu(X_6/C_0) = [0.5, 0.5, 0.5]$$

2. Les degrés d'appartenance globale (*GAD*) de l'élément X_6, en utilisant le connectif « produit » :

$$GAD(X/C_k) = \prod_{i=1}^{nd} \mu_i(x_i/C_k) \tag{B.3}$$
$$GAD(X/C_k) = \mu_i(x_i/C_k)\mu_i(x_2/C_k)\mu_i(x_3/C_k)$$

où *nd* est le nombre de descripteurs. Nous obtenons ainsi les trois degrés d'appartenance globale :

$$GAD(X_6/C_1) = (0.27^{0.1}0.73^{0.9})(0.47^{0.1}0.53^{0.9})(0.4^{0.9}0.6^{0.1}) = 0.1442$$
$$GAD(X_6/C_2) = 0.1097$$
$$GAD(X_6/C_0) = 0.125$$

L'élément X_6 appartient à la classe dont le *GAD* est maximal, c'est-à-dire, à la classe C_1 :

$$C_1 \ (GAD \ (X_6/C_1)) = 0.1442)$$

3. À cause de l'incorporation du nouvel élément à la classe 1 (C_1), l'actualisation des paramètres associés aux descripteurs quantitatifs de cette classe est faite par la formule itérative de la moyenne :

$$\rho_{k,i} \leftarrow \rho_{k,i} + \frac{(x_i - \rho_{k,i})}{N_i + 1} \tag{B.4}$$

où $\rho_{k,i}$ est la nouvelle valeur du paramètre du descripteur i de la classe k et N le nombre d'éléments dans la classe. Ainsi,

$$\rho_{1,1} = \rho(x_1/C_1) = 0.27 + \frac{1}{nec+1}(0.1 - 0.27) = 0.2275$$
$$\rho(x_2/C_1) = 0.3775$$
$$\rho(x_3/C_1) = 0.525$$

Alors, la représentation de la classe C1 actualisée est :

$$C1 = [0.22, 0.37, 0.52]$$

Par ailleurs, si l'élément X_6 avait appartenu à la classe *NIC*, dans le cas où le minimum aurait été choisi comme connectif, une nouvelle classe aurait été créée en modifiant les paramètres de la classe *NIC* selon la relation suivante :

$$\rho_{k,i} \leftarrow \rho_{k,i} + \frac{(x_i - \rho_{k,i})}{N_0 + 1} \tag{B.5}$$

Où N_0 représente le nombre initial d'éléments dans la classe zéro.

$$\rho_{k,i} \leftarrow 0.5 + \frac{(x_i - 0.5)}{N_0 + 1}$$

Dans notre exemple, la nouvelle classe créée C_3 aurait eu comme paramètres :

$$\rho_{3,1} = \rho(x_1/C_3) = 0.5 + \frac{1}{2}(0.1 - 0.5) = 0.3$$
$$\rho_{3,2} = \rho(x_2/C_3) = 0.3$$
$$\rho_{3,3} = \rho(x_3/C_3) = 0.7$$

La représentation de la nouvelle classe C_3 serait alors :

$$C_3 = [0.3, 0.3, 0.7]$$

ANNEXE C. LA PROCEDURE ITERATIVE *RMSE/ME*

Dans la figure C.1 nous présentons la procédure itérative *RMSE/ME* (moyenne quadratique erreur/moyenne erreur) pour obtenir une architecture du réseau de neurones optimale et ses valeurs du poids. Ce procédé assure qu'il n'existe pas sur apprentissage.

Description de la procédure :

1. Partition de l'ensemble des exemples en deux sous-ensembles, nommés, le sous-ensemble d'apprentissage et le sous-ensemble de test [DREYFUS et al.,2004]
2. Initialisation du nombre de neurones dans la couche cachée (ex 1)
3. Fixer le nombre d'itérations vers une certaine valeur (ex 100)
4. Choix d'un ensemble de nombres de neurones de la couche cachée (HN) (ex 10,15,20,25, ...)
5. Apprentissage du réseau de neurones (en utilisant MATLAB, p.e.), prennent en compte le nombre d'itérations dans 3 et le nombre de couches cachées dans 4. Sauvegarde des valeurs des critères RMSE et ME les plus bas.
6. Répéter 4 et 5 plusieurs fois (en changeant le nombre de couches cachées). Ceci assure que le poids du réseau soit initialisée à chaque apprentissage, lequel aide en explorant la surface d'erreur
7. Choix du nombre de couches cachées optimal (HN_{opt1}) par analyse des valeurs RMSE et des valeurs EM
8. Choix d'un nouvel ensemble du nombre de couches cachées autour de la valeur HN_{opt1} (ex. 25, 30, 35 si HN_{opt1} = 30)
9. Systématiquement augmenter en 1 le nombre de neurones dan la couche cachée
10. Aller à 5 et répéter 8, jusqu'à toutes les nouvelles valeurs du nombre de couches cachées soient explorées
11. Choix de la meilleure architecture par analyses des valeurs des critères RMSE et valeurs ME les plus bas
12. Choix d'un ensemble de nombres d'itérations (ex. 50,100,150)
13. Apprentissage du réseau de neurones, prennent en compte le nombre d'itérations dans 12 et le nombre de couches cachées dans 11. Sauvegarde des valeurs des critères RMSE et ME les plus bas

14. Répéter 12 et 13. L'architecture du réseau de neurones et les poids optimales soient les correspondants à les valeurs des critères RMSE et ME les plus bas.

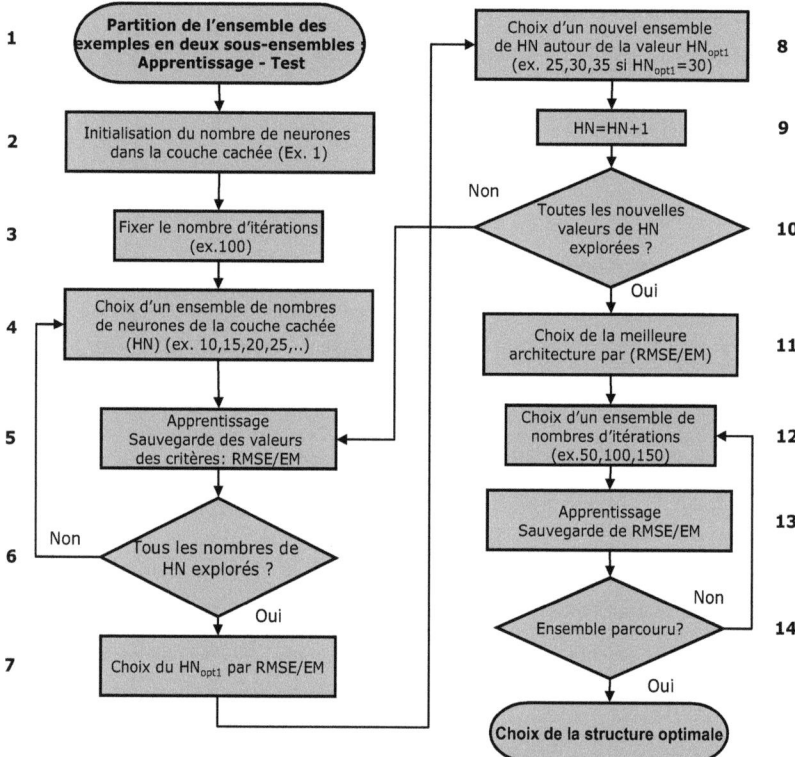

Figure C. 1 La procédure itérative *RMSE/ME*

Liste de Figures

Figure 1. 1 Station de production d'eau potable 7
Figure 1. 2 Temps de décantation des particules 12
Figure 1. 3 Coagulation-Floculation 13
Figure 1. 4 Essai « Jar-Test » 16
Figure 1. 5 Evolution de la turbidité de l'eau filtrée d'un filtre 20

Figure 2. 1 Introduction d'outils de surveillance, de diagnostic et d'aide à la décision au niveau de la supervision 28
Figure 2. 2 Schéma général de la supervision 30
Figure 2. 3 Classification des méthodes de diagnostic [DASH, 2000] 31
Figure 2. 4 La forme observée X est ici associée à la classe C_5. 36
Figure 2. 5 Structure d'un système de diagnostic par reconnaissance des formes 37
Figure 2. 6 Structure générale du classificateur.. 38
Figure 2. 7 Schéma général du calcul de l'adéquation d'un objet à une classe 44
Figure 2. 8 Algorithme général de LAMDA 47
Figure 2. 9 Projection (a) dans l'espace des variables, (b) dans l'espace des individus et (c) décomposition de l'ACP 51
Figure 2. 10 Neurone formel 52
Figure 2. 11 Principales fonctions d'activation : (a) fonction à seuil, (b) fonction linéaire, (c) fonction sigmoïde, (d) fonction gaussienne 52
Figure 2. 12 Perceptron multicouche 54

Figure 2. 13 (a) Surapprentissage : l'apprentissage est parfait sur l'ensemble d'apprentissage ('x'), et vraisemblablement moins bon sur le point de test ('o') ; (b) Apprentissage correct : un bon lissage des données ; (c) Sous-apprentissage : apprentissage insuffisant. 56

Figure 2. 14 Rééchantillonnage par bootstrap pour la génération d'intervalle de prédiction. 58

Figure 2. 15 Automate décrivant une machine simple : a) modèle formel, b) représentation graphique 60

Figure 2. 16 Les différentes formes de maintenance 61

Figure 3. 1 Méthode pour le contrôle automatique du procédé de coagulation 70

Figure 3. 2 Evolution des paramètres descripteurs de l'eau brute au cours de temps . 72

Figure 3. 3 Evolution de la dose de coagulant appliquée sur la station au cours de temps 73

Figure 3. 4 Valeurs et histogramme des valeurs propres des composantes 74

Figure 3. 5 Cercle de corrélation dans le plan 1-2 74

Figure 3. 6 Architecture du Perceptron multicouche 75

Figure 3. 7 Valeurs des critères (*MSE*) et de l'erreur moyenne pour la détermination du nombre d'itérations (a) et du nombre de neurones dans la couche cachée (b) 76

Figure 3. 8 Dose de coagulant appliquée et dose de coagulant prédite (ligne pointillée et +) avec le perceptron multicouche sur l'ensemble de test 77

Figure 3. 9 Dose de coagulant appliquée et dose de coagulant prédite (ligne pointillée et +) avec le modèle de type linéaire sur l'ensemble de test 77

Figure 3. 10 Dose de coagulant appliquée et dose de coagulant prédite avec le perceptron multicouche sur l'ensemble de test (oct-Minov 2003) et l'intervalle de confiance (MAX et MIN) 78

Figure 4. 1 Description générale de la méthode pour la surveillance de la station SMAPA 83

Figure 4. 2 (a) Générateur de fenêtre et (b) du bloc S-FUNCTION 86

Figure 4. 3 L'évolution des variables dans une fenêtre temporelle d'observation 87

Figure 4. 4 Filtrage analogique et numérique des signaux 88

Figure 4. 5 Schéma du diagnostic en ligne du procédé 92

Figure 5. 1 Schéma général de la station SMAPA de production d'eau potable 102

Figure 5. 2 Dosage de réactifs (sulfate d'aluminium) en millier de tonnes 104

Figure 5. 3 Descripteurs de la qualité de l'eau brute (à l'entrée et à la sortie) pour l'année 2001 106

Figure 5. 4 Dose appliquée et dose calculée par le capteur logiciel pour la saison d'étiage et la saison des pluies (année 2000-2001) 107

Figure 5. 5 Ensemble des données brutes (saison des pluies, phase d'apprentissage Mai-Octobre 2000) 109

Figure 5. 6 Le descripteur *pH* à l'entrée de la station SMAPA avec 3 modalités 110

Figure 5. 7 (a)L'ensemble des données prétraitées (saison des pluies, phase d'apprentissage Mai-Octobre2000), (b) classification pour l'identification des états de la station SMAPA lors de la saison des pluies (autoapprentissage), (c) Profil des classes 111

Figure 5. 8 Ensemble des données brutes (période d'étiage, phase d'apprentissage NovDec2000-JanAvril2001) 113

Figure 5. 9 (a)L'ensemble des données brutes prétraitées (période d'étiage, phase d'apprentissage NovDec2000-JanMiFev2001), (b) classification pour l'identification des états de la période d'étiage de la station SMAPA (autoapprentissage), (c) Profil des classes... 114

Figure 5. 10 Évolution des *DAG*s pour la classification résultante 116

Figure 5. 11 L'automate pour la station SMAPA durant l'étiage (données prétraitées) 116

Figure 5. 12 Validation des transitions obtenues lors de la phase d'apprentissage (l'étiage 2000-2001) 117

Figure 5. 13 Identification en ligne des états de la station SMAPA lors de la période d'étiage 2001-2002. (a) Ensemble de test. (b) Classes identifiées lors de la reconnaissance (alarme détectée) 118

Figure 5. 14 Validation des transitions pour la période d'étiage 2001-2002 118

Figure 5. 15 Identification en ligne des états de la station SMAPA lors de la période d'étiage 2003-2004. (a) Ensemble de test. (b) Classes identifiées lors de la reconnaissance (alarme détectée) 119

Figure 5. 16 Validation des transitions pour la période d'étiage 2003-2004 119

Figure 5. 17 L'automate pour la station SMAPA durant l'étiage après validation des transitions 120

Figure 5. 18 Reconnaissance en ligne des données de test : (a) pour la période d'étiage 2001-2002, (b) pour la période d'étiage 2003-2004. 120

Figure C. 1 La procédure itérative *RMSE/ME* 148

I want morebooks!

Buy your books fast and straightforward online - at one of the world's fastest growing online book stores! Environmentally sound due to Print-on-Demand technologies.

Buy your books online at

www.get-morebooks.com

Achetez vos livres en ligne, vite et bien, sur l'une des librairies en ligne les plus performantes au monde!
En protégeant nos ressources et notre environnement grâce à l'impression à la demande.

La librairie en ligne pour acheter plus vite

www.morebooks.fr

OmniScriptum Marketing DEU GmbH
Heinrich-Böcking-Str. 6-8
D - 66121 Saarbrücken

Telefax: +49 681 93 81 567-9

info@omniscriptum.de
www.omniscriptum.de

Printed by Books on Demand GmbH, Norderstedt / Germany